U0269876

# 七秩芳华

## 中国建筑出版传媒有限公司 **70** 周年

The 70th
Anniversary of
China Architecture Publishing &
Media Co., Ltd.

中国建筑出版传媒有限公司　编

1954-2024
中国建筑出版传媒有限公司
China Architecture Publishing & Media Co.,Ltd.
中国建筑工业出版社

Editorial Committee

编委会

主　　任：张　锋　咸大庆

副 主 任：岳建光　欧阳东　南　昌　王凌云

编　　委：封　毅　范业庶　陆新之　胡永旭　管　粟　史现利
　　　　　时咏梅　刘延成　尹珺祥　杜志远　王　磊　唐　玮
　　　　　徐　冉　唐　旭　费海玲　刘瑞霞　张　磊　石枫华
　　　　　杜　洁　陈　桦　牛　松　陈夕涛　吕　胜　郭希增
　　　　　李　明　付培鑫　李丹丹　黎有为

主　　编：欧阳东

副 主 编：陆新之　管　粟

撰 稿 人：刘　川　杨　晓　张幼平　武晓涛　王　旭　张莉英
　　　　　段　宁　刘文昕　季　帆　胡梦雅　李丹婷　白俊锋

设　　计：柳　冉　张悟静

编　　辑：刘　静　赵　赫

# 出版前言

2024 年是中国建筑出版传媒有限公司（中国建筑工业出版社）成立 70 周年。为传承精神、提升品牌、汇聚力量，我们对建工社 70 年发展历程作了回顾总结，并汇编成书。

建工社 70 年的发展，得到了部党组的高度重视和关心支持。部党组提出，出版工作是党的宣传思想文化工作的重要组成部分。70 年来，建工社始终坚持党的领导，贯彻党的出版方针，围绕和服务部中心工作，策划出版了一系列理论著作、应用图书、专业教材、工具手册，为弘扬优秀建筑文化、推动建设科技进步、促进学科建设、培养专业人才作出了重要贡献。新时代新征程，希望建工社站在新的起点上，坚持以习近平新时代中国特色社会主义思想为指导，深入学习贯彻习近平文化思想，牢牢把握正确政治方向、出版导向、价值取向，坚持守正创新、精业笃行，加快推进由书库向智库、由传统出版向数媒融合"两个转型"，进一步增强"建工社"品牌影响力，为住房城乡建设事业高质量发展作出新的更大贡献！

本书包括公司概况、发展历程、近年成果、荣誉展示、企业文化，未来展望等部分，后附大事记和人名录。发展历程章节紧扣时代脉搏，在系统梳理历史资料的基础上，精心遴选编辑，采用编年体方式，以图文并茂的形式，记录了建工社 70 年里有影响的事件、有价值的好书。

近年成果等章节主要介绍了近五年编辑、出版、营销、智库建设、数字融合等最新进展，呈现了干部职工团结和谐、积极向上的精神风貌。

本书全面反映了梁思成、刘敦桢、杨廷宝、童寯等大家的文集或全集，以及我国建设行业重要著作、教材和工具书的出版情况。既记录了建工社 70 年的发展简史，又再现了我国住房和城乡建设事业的发展历程。

本书编辑工作于 2024 年 3 月正式启动，经多方收集资料，认真撰写文稿，反复研究、酝酿、修改，最终定稿，形成了这本意义特别的《七秩芳华 中国建筑出版传媒有限公司 70 周年》。

由于材料、时间、水平和能力所限，本书如有叙述不周、评价失当之处，恳请批评指正。

谨以此书献给为我社发展作出贡献的作者、读者，和关心支持我社发展的领导、专家、媒体同仁，以及在 70 年发展历程中顽强拼搏的一代代建工出版人！

# 序

## 协作奋进开拓进取的 70 年

2024 年是新中国成立 75 周年，也是中国建筑工业出版社成立 70 周年。70 年来，一代代建工出版人忠诚党的出版事业，矢志不渝弘扬建筑文化、传播建设科技，铸就了"建工社"这块金字招牌。

建工社始终与时代同行，与文化同进，与科技同向，做党的方针政策的传播者、科技发展的助力者、优秀文化的传承者、社会进步的推动者，先后被表彰为全国 15 家"优秀图书出版单位"之一、全国 13 家大社名社之一，被评为全国科技类一级出版社、"全国百佳图书出版单位"，连续四届获得"中国出版政府奖"先进出版单位称号。

目前，建工社已经成为国内出版规模最大的建筑专业科技出版社，也是世界上年出版建筑图书品种最多的出版社。大量优质出版成果，展现了党领导下住房城乡建设事业的奋斗历程，见证、参与、融入了住房城乡建设取得的历史性成就、发生的历史性变革，谱写了波澜壮阔的历史篇章。

**始终坚持正确政治方向、出版导向、价值取向，全力服务国家经济社会发展。**

从 1954 年诞生至今，建工社始终牢记对党、对国家、对民族的责任，从时代之变、发展之急、行业之需中提炼主题、萃取素材，抒写新中国经济社会发展特别是城乡建设奋斗之志、创造之力、发展之果，努力为住建事业高质量发展发好声、服好务。

建社初期，为配合国家基本建设，翻译出版大量苏联建筑科技图书。改革开放以来，策划出版一系列反映时代发展成果的重大项目，如深圳特区和浦东新区规划建设、西部大开发、北京奥运会、上海世博会，出版了《聚焦中国之科学发展·城乡新貌》等。党的十八大以来，围绕贯彻落实习近平总书记关于城市工作重要论述和党中央决策部署，策划出版《大美城乡 安居中国》、"致力于绿色发展的城乡建设"丛书、《中国科技之路·建筑卷·中国建造》、"新时代上海'人民城市'建设的探索与实践丛书"等一批主题出版物；并放眼世界，推出《国外住房发展报告》等供研究参考。

无论时代如何变迁，服务国家战略、服务行业发展、服务部中心工作的初心依旧。

**始终坚持专业立社，持续推动建设科技进步。**

70 年来，建工社深耕住房城乡建设领域，形成了特色鲜明、重点突出、层次多样的专业出版体系，凝聚了大批由院士、大师、知名专家学者等组成的专业作者，为社会奉献了 4 万余种经典图书。1964 年问世的《建筑设计资料集》，目前已出版第三版，累计印数超过 200 万册，影响了一代又一代中国建筑师，被誉为建筑界"天书"。1981 年推出的

《建筑施工手册》，目前已出版第五版，累计印数超 300 万册，被誉为"推动我国科技进步的十部著作"之一。《室内设计资料集》20 世纪 90 年代出版以来，累计印数 90 多万册，畅销至今。《梁思成全集》《中国人居史》等一系列重点学术著作在业界影响深远。《中国古代建筑史》、《中国古代园林史》、"中国古建筑丛书"、"数字建造"丛书等多部图书荣获"中国出版政府奖"图书奖等行业最高荣誉，取得社会效益和经济效益双丰收。

业界公认，建工社走的是专业化、"内涵式"发展道路，出版发行大量弘扬民族精神、彰显行业特色、凝聚时代特征的专业科技图书，有力推动了我国从人口大国向建造大国、从建造大国向建造强国迈进。

始终聚焦住建领域学科建设，致力于专业人才培养。

建社伊始，出版第一本由建筑工程部学校教育局组织编写的《工业与民用建筑专业教材大纲》。为助力解决建设专业人才紧缺问题，陆续翻译出版苏联专业教材，并开始自编教材。改革开放特别是党的十八大以来，服务学科建设和行业人才培养成为教材出版主线。策划出版了超过 200 个系列 2000 多种教材，供住建行业各专业、各层次教学与培训使用。当前，数字化成为新趋势，正大力推进住建领域数字教材建设。

重视青年人才涵育是建工社一大特点。1966 年为青年李瑞环出版《木工简易计算法》，发行量 130 多万册；1979 年为青年任正非出版《浮球式标准压力发生器》；1981 年《建筑师》杂志开始举办大学生建筑设计方案竞赛，早期获奖的学生，如崔愷、王建国、孟建民、庄惟敏等已成长为院士，近年参与命题的李兴钢也成为院士。

注重自身人才建设是建工社立社、强社的一大法宝。从建社之初的几十人发展到现在的约500人。1971年重建时，从全国各地挖掘了一批优秀的专家人才。1984年面向社会公开招聘编辑。党的十八大以来，注重营造积极向上、公平竞争的环境，重视青年人才培养和梯队建设，建立"导师制"、干部交流和轮岗制度。一大批对出版行业有深刻理解，在经营管理、选题策划、出版融合、市场拓展、图书设计等方面专业能力突出的人才集聚建工社，目前高级专业技术人员约占1/3，涌现了多名"韬奋出版奖""中国出版政府奖优秀出版人物""全国新闻出版行业领军人才"获奖者。

**始终秉持改革进取精神，不断创新体制机制。**

随着住房城乡建设事业持续发展，建工社不断总结提炼科技进步成果，推出适应时代要求的新版图书，坚持不懈迭代再版图书，引领建设科技发展。《工程热力学》更新到第七版，《建筑给水排水工程》更新到第八版。2023年被中国知网《中国高被引图书年报》评为年度工业技术类核心出版单位第一名。

随着出版技术持续进步，建工社从"铅与火"时代进化到"光与电"时代，积极探索智能编校、数码印刷、数字出版。2017年成立建知数字公司，依托"出版融合发展重点实验室"与"新闻出版业科技与标准重点实验室"两个国家级重点实验室，陆续推出"中国建筑出版在线""建工社微课程""中国建筑数字图书馆"等知识服务平台，服务了近千万行业从业人员技能提升。

随着国家改革开放持续深化，建工社体制机制逐步改革完善。1984 年开始实行事业单位企业化管理，1993 年注册企业法人，2010 年完成转企，2015 年与中国城市出版社融合，2019 年改制为国有独资公司——中国建筑出版传媒有限公司。为推动企业经营模式转型，提高专业化服务水平，2017 年成立教材分社，2024 年改组建立建筑分社和土木分社。

**始终坚持交流互鉴，讲好中国住建故事。**

建工社是国内最早开展版权贸易的出版社之一。70 年来，组织翻译出版了大量国外经典著作。改革开放以来，持续向世界推介中国优秀建筑图书。党的十八大以来，进一步加强"走出去"内容建设，拓展"走出去"方式渠道，积极宣传中国住房城乡建设新成就，扩大中国建造世界影响力。截至目前，已与 30 多个国家和地区的 300 多家出版机构建立合作关系，累计引进图书 2800 多种，输出约 900 种，涵盖英、德、法、日、俄，以及阿拉伯、希伯来、乌尔都等多种语言，连续多年入选中国图书海外馆藏影响力出版 100 强。

**始终坚持履行社会责任，积极回馈社会。**

1976 年唐山地震后，为配合房屋抗震加固，出版《建筑震害分析资料选编》等。2008 年汶川特大地震灾害发生后，组织有关专家编写科普读物《房屋抗震知识读本》。为提升建筑业农民工的技能水平和安全意识，先后出版《建设领域农民工权益知识读本》《建筑业农民工业余学校培训教学片》。新冠疫情期间，向院校师生免费提供 2000 多种电子教材，100 多万人次登录学习。近年来，向青海、甘肃、四川、内蒙古等地区援派多名干部，捐赠扶贫资金超过 1500 万元、捐赠图书码洋超过 1 亿元，有力支持了中西部地区的发展。

历史已成回响，奋斗未有穷期。70 年来，建工社始终践行质量第一、读者至上的经营理念，担负起记录行业发展、传播住建声音的历史责任，在抓时代机遇上开拓创新、奋勇争先，在应对市场危机时披荆斩棘、迎难而上，在完善住建领域知识体系、推动住建科技进步、促进住建学科发展、培养住建人才队伍上奉献智慧，成果丰硕。

总结过去是为了更好地面向未来。党的二十大擘画了以中国式现代化全面推进中华民族伟大复兴的宏伟蓝图，党的二十届三中全会作出进一步全面深化改革、推进中国式现代化的决定。新时代新征程，新一代建工（城市）出版人将坚持以习近平新时代中国特色社会主义思想为指导，深入学习贯彻习近平文化思想，深刻领悟“两个确立”，坚决做到“两个维护”，以党的政治建设为统领，传承建工社 70 年积淀的厚重文化，大力弘扬专业、敬业、协作、创新精神，以服务国家、服务社会、服务行业为己任，牢牢把握住建事业转型发展的时代机遇，用好住建事业改革发展提供的广阔场景，锐意深化改革，不断开拓创新，为建设出版强国、文化强国、科技强国，为促进全民阅读、建设书香社会，为谱写中国式现代化住建新篇章作出新贡献！

Contents

# 目　录

## 荣誉展示

## 企业文化

## 未来展望

## 大事记

## 人名录

社史馆

The 70th
Anniversary of
China Architecture Publishing &
Media Co., Ltd.

公 司 概 况

中国建筑出版传媒有限公司（中国建筑工业出版社）成立于1954年。作为隶属于住房和城乡建设部的中央一级科技出版单位，我们始终秉承"专业、敬业、协作、创新"精神，坚持正确的出版导向，把社会效益放在首位，服务中国特色住房城乡建设事业高质量发展，大力推进出版业务提质增效，不断加强营销创新，积极践行出版"走出去"战略，推动出版融合发展转型升级，形成了图书、期刊、音像制品、电子出版物和网络出版等融合发展的立体化出版格局。70年来，中国建筑工业出版社累计出版了4万多种出版物，培育了结构合理、素质优良的专业出版人才队伍，已经成为住建行业科技出版的主力军和品牌强社，并连续四届获评我国出版业最高荣誉"中国出版政府奖"先进出版单位；拥有"出版融合发展重点实验室"和"出版业科技与标准重点实验室"两个国家级重点实验室；先后荣获"优秀图书出版单位""全国优秀出版社""全国百佳图书出版单位""数字出版转型示范单位""国家数字复合出版系统工程应用试点单位""出版融合发展旗舰示范单位"等荣誉。

中国城市出版社有限公司（中国城市出版社）成立于1987年，出版了大量立足于城市建设与服务的优秀精品图书，致力于促进我国城市化进程，为构建和谐社会、建设可持续发展和创新型城市提供服务。

作为全球规模最大的建筑专业图书出版机构，今后，我们将不断夯实基础、深化改革，服务科教兴国，为住房和城乡建设事业发好声、服好务，不断强化品牌优势、社会认可，进一步提高出版质量效益，深化智库建设和数媒融合发展，努力为广大读者、作者提供更多更好的精品图书和服务，为促进住建行业高质量发展作出新的更大贡献！

China Architecture Publishing & Media Co., Ltd. (China Architecture & Building Press, CABP) was founded in 1954.

As a first-class scientific and technological press in China, which is subordinate to the Ministry of Housing and Urban-Rural Development of the People's Republic of China, CABP always upholds the spirit of "Professionalism, Dedication, Collaboration, Innovation". CABP takes social benefits as their priority all along, and has achieved the combined development between social benefits and economic benefits. As for serving the high-quality development of the housing and urban-rural development with Chinese characteristics, it has dedicated to the publication of sci-tech and educational books, as well as periodicals, audiovisual & electronic products, digital publishing and network publications, and its mission is to popularize scientific and technological knowledge, engage in the transformation of digital innovation, enhance scientific quality of the whole nation and be involved in China's publishing to "Go Global".

For the past seven decades, with over 40,000 titles of books being published, CABP had become a high-level, comprehensive and internationalized press with construction, science and technology as its major areas, and also had established a young talent team who are high-qualified, professional and good at innovation. As one of the Top 100 Presses in China, and one of the National First-class Presses,

CABP takes two national key laboratories of publishing integration and development in operation, and has hitherto won hundreds of different national awards, including China Book Award, National Book Award, China's Best Publications Award, and the China Publishing Government Award. The level, number and proportion of awards are all at the top rank of scientific and technological presses.

Founded in 1987, China City Press Co., Ltd. (China City Press, CCP) has published a large number of excellent books to the society based on urban construction and services, committed to accelerating the process of urbanization in China, and serving for building a harmonious society, sustainable development and innovative cities.

As the world's largest architectural book publishing house, we will continue to consolidate the foundation and deepen the reform in the future, serve the strategy of reinvigorating China through science and education, serve the housing and urban-rural development, continuously strengthen our brand advantages and social recognition, further improve the quality and efficiency of publishing, deepen the development of think tanks and the integrated development of digital media. We strive to provide more and better quality books and services for readers and authors so as to make greater contributions to promoting the high-quality development of the housing and urban-rural construction industry!

## 陈永清

1954-1958 任建筑工程出版社社长（兼）

## 杨 俊

1954-1958 任建筑工程出版社党委书记
1958-1961 任建筑工程出版社社长兼党委书记
1971-1973 任中国建筑工业出版社负责人
1979-1984 任中国建筑工业出版社社长兼党委书记

## 孟广彬

1973-1975 任中国建筑工业出版社党的核心小组组长
1975-1979 任中国建筑工业出版社革委会主任

## 周 谊

1984-1992 任中国建筑工业出版社社长
1992-1994 任中国建筑工业出版社社长兼党委书记

## 沈振智

1984-1992 任中国建筑工业出版社党委书记

## 刘慈慰

1994-2000 任中国建筑工业出版社社长兼党委书记，
其中 1996-2000 兼中国城市出版社社长
2000-2003 任中国建筑工业出版社社长，
兼中国城市出版社社长

## 赵　晨

2000-2003　任中国建筑工业出版社党委书记
2003-2006　任中国建筑工业出版社党委书记、社长，兼中国城市出版社社长
2006-2007　任中国建筑工业出版社党委书记，兼中国城市出版社社长

## 王珮云

2006-2007　任中国建筑工业出版社社长
2007-2010　任中国建筑工业出版社党委书记兼社长

## 张兴野

2010-2014　任中国建筑工业出版社党委书记
2015（1-6月）任中国建筑工业出版社（中国城市出版社）党委书记

## 沈元勤

2010-2013　任中国建筑工业出版社社长兼总编辑
2013-2014　任中国建筑工业出版社社长
2015-2019　任中国建筑工业出版社（中国城市出版社）社长

## 尚春明

2016-2019 任中国建筑工业出版社（中国城市出版社）党委书记

2019-2020 任中国建筑出版传媒有限公司党委书记、董事长，
中国城市出版社有限公司执行董事、经理

## 咸大庆

2020-2024 任中国建筑出版传媒有限公司董事、总经理

## 张　锋

2021-2024 任中国建筑出版传媒有限公司党委书记、董事长，
中国城市出版社有限公司执行董事、经理

公司领导班子成员（左起：岳建光、欧阳东、张锋、咸大庆、南昌、王凌云）

公司领导班子成员、副总编辑（左起：陆新之、封毅、岳建光、欧阳东、张锋、咸大庆、南昌、王凌云、范业庶）

# 中国建筑出版传媒有限公司（中国城市出版社有限公司）

## 综合部门

- 党委办公室（董事会办公室）
- 总经理办公室
- 总编辑办公室
- 纪委办公室
- 人力资源部
- 发展研究部（智库） ／ 《中国房地产金融》杂志
- 财务部
- 离退休干部综合服务办公室
- 法律事务部（打盗维权办公室）

## 编辑部门

### 建筑分社
- 建筑与城乡规划图书中心
- 艺术设计图书中心
- 城市与建筑文化图书中心
- 《建筑师》杂志

### 土木分社
- 建筑结构图书中心
- 建筑施工图书中心
- 城市建设图书中心
- 标准规范图书中心

### 教育教材分社
- 第一编辑室
- 第二编辑室
- 第三编辑室
- 第四编辑室
- 第五编辑室

### 城市板块
- 房地产与管理图书中心
- 社科图书中心

### 综合板块
- 执业考试图书中心
- 国际合作图书中心

| 生产经营部门 | | 子公司 |
|---|---|---|
| 图书出版中心 | | 中国建筑书店有限责任公司 |
| 营销中心 | | 建知（北京）数字传媒有限公司 |
| | | 建工社（广州）图书有限公司（华南分社） |
| | | 建知（上海）文化传媒有限公司（华东分社） |
| | | 北京建筑工业印刷有限公司 |

\* 中国建筑书店有限责任公司，成立于 1989 年 8 月，简称建筑书店。

\* 建知（北京）数字传媒有限公司，成立于 2017 年 10 月，简称建知公司。

\* 建工社（广州）图书有限公司，成立于 2002 年 8 月，前身为中国建筑书店华南销售中心，2023 年 9 月改制为有限责任公司，简称华南分社。

\* 建知（上海）文化传媒有限公司，成立于 2005 年 1 月，前身为上海建苑建筑图书发行有限公司，2019 年 12 月变更为现名，简称华东分社。

\* 北京建筑工业印刷有限公司，始建于 1949 年，前身为北京建筑工业印刷厂，2023 年 6 月改制为有限责任公司，简称建工印刷厂。

The 70th
Anniversary of
China Architecture Publishing &
Media Co., Ltd.

发 展 历 程

1949 年 10 月 1 日，中华人民共和国成立，揭开了中国历史新的篇章。1952 年，随着我国国民经济的恢复和发展，为了促进建筑业的发展壮大，中央人民政府建筑工程部成立。1953 年，我国开始了发展国民经济的第一个五年计划，大规模经济建设起步。

为满足建筑业广大职工学习先进的建筑科学技术和管理经验的需要，1954 年春天，中国建筑工业出版社的前身"建筑工程出版社"应运而生。出版社肇建伊始，便组织翻译、出版了大量经典科技图书，为新中国建筑出版事业发端奠定重要基础。而在之后的发展中，历经 1958 年四社合并、1961 年八社合并，至 1971 年，重建成立中国建筑工业出版社。从初创到重建，中国建筑工业出版社几代人筚路蓝缕，薪火相传，牢记初心，勇担使命，始终与时代与社会同步，坚定不移地为社会主义建设与住房城乡建设事业的发展服务。

## 建筑工程出版社（1954-1960年）

新中国成立之前，我国介绍现代建筑科学技术的出版物寥寥无几。据国家图书馆统计，1911-1949年，全国出版的有关土木建筑工程和建筑材料的图书仅497种，建筑图书出版极不发达。

在这种情况下，适应国家建设需要而成立的建筑工程出版社，及时根据建筑工程部的方针任务，组织编辑、翻译、审查与出版有关建筑业的政策文件及科学技术书籍。1954-1960年，建筑工程出版社（包含原基本建设出版社、城市建设出版社、建筑材料工业出版社）共计出版图书2157种，其中主要是有关工业建筑的图书。

建筑工程出版社当时已开始注意我国传统建筑文化的积累与弘扬，出版了刘敦桢的《中国住宅概说》、刘致平的《中国建筑类型与结构》、张仲一的《徽州明代住宅》，还出版了建筑工程出版社编的第一部辞典《俄汉建筑工程辞典》，以及《西藏建筑》等图书。

## 1954

1954年1月，响应出版总署筹建专业科技出版社的号召，建筑工程部就成立出版社一事致函中央宣传部，2月6日中央宣传部批复同意，2月22日北京市人民政府新闻出版处核发《北京市书刊出版业营业许可证》。

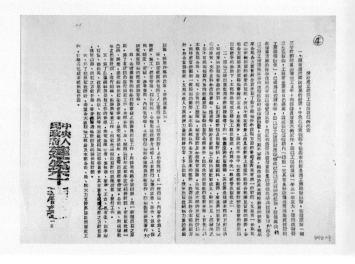

1954年4月1日，建筑工程部作出《关于成立建筑工程出版社的决定》，指出"要提高我们在建筑方面的科学技术水平和经营管理水平，就迫切需要出版相当数量的建筑科学与技术书籍，而出版介绍苏联工业建筑科学与技术经验的书稿，更属刻不容缓。……在中共中央宣传部和国家计划委员会的指示与出版总署的协助下，本部决定成立建筑工程出版社，作为中央一级国营出版社之一"。

《关于成立建筑工程出版社的决定》中规定，建筑工程出版社的任务是：根据本部的方针任务和国家对建筑书籍的需要，制定选题计划及出版计划，组织编辑、翻译、审查与出版有关建筑业的政策文件及科学技术书籍。出版范围包括：（1）工业建筑；（2）城市建设；（3）学校教材；（4）一般建筑。出版社下设《建筑》杂志（建筑工程部机关刊物）编辑部、建筑图书编辑部、出版部、办公室。

1954年6月1日，建筑工程出版社宣告成立，社址在北京市东城区大方家胡同32号。建筑工程部任命陈永清（部办公厅主任）兼任建筑工程出版社社长，杨俊、何纪荣为副社长。

1954年《建筑》杂志创刊号

1954年2月，建筑工程出版社的第一本图书《水泥·混凝土·砂浆基本常识》出版。该书32开，定价2800元（当时货币价格），首印20000册。同年因市场反响较好，该书又出版了增订本。

1954年5月，建筑工程出版社第一本引进版图书《苏联城市规划中几项定额汇集》出版。

《水泥·混凝土·砂浆基本常识》　　《水泥·混凝土·砂浆基本常识》（增订本）　　《苏联城市规划中几项定额汇集》

## 1955

1955 年 4 月，建筑工程出版社与重工业部有色金属局签订协议，将东北有色金属管理局印刷厂移交建筑工程出版社，由辽宁沈阳迁来北京。5 月 1 日建筑工程出版社印刷厂正式成立。

1955 年 11 月，北京市城市规划管理局批准建筑工程出版社在阜外月坛路 8 号（现阜外南礼士路甲 3 号）建造办公楼 1620 平方米、印刷厂厂房 1010 平方米。

## 1956

1956 年 5 月，建筑工程出版社在阜外南礼士路甲 3 号新建的办公楼及印刷厂厂房落成，出版社和印刷厂迁入新址；为了便于工作，《建筑》杂志编辑部迁入百万庄建筑工程部大楼内办公。

1956 年 6 月，建筑工程部教育局编译室并入建筑工程出版社。

## 1957

1957 年 12 月，建筑工程部同国家建设委员会、城市建设部协商，并报经中宣部同意，拟将三部委所属建筑工程出版社、基本建设出版社、城市建设出版社合并。

《论苏联建筑艺术的现实主义基础》
（1955 年第一版）

《新型屋盖和楼板》
（1955 年 6 月第一版）

《俄罗斯古典遗产与苏维埃建筑学》
（1956 年 11 月第一版）

# 1958

1958 年 2 月，国家建设委员会撤销，原建筑工程部、城市建设部、建筑材料工业部合并为建筑工程部，四部委下属的建筑工程出版社、基本建设出版社、城市建设出版社、建筑材料工业出版社四社正式合并，并定社名为建筑工程出版社。社址迁到阜外大街 34 号原城市建设部办公楼内，5 月下旬迁至百万庄建筑工程部南配楼。四社合并后，建筑工程部任命杨俊为建筑工程出版社社长，吕光明、冷拙、邸增裕、于渤为副社长。杨俊兼党委书记，邸增裕兼党委副书记。图书编辑部改为建筑组、结构组、施工组、建材组、辞典组、稿件组；出版部改为出版科、校对科；办公室改为财务科、总务科；党、团办公室合二为一。

基本建设出版社所属的印刷厂——国家基本建设委员会印刷厂随出版社一起并入建筑工程出版社，改名为建筑工程出版社第一印刷厂。原建筑工程出版社印刷厂改名为建筑工程出版社第二印刷厂，1958 年 6 月，第二印刷厂移交给化学工业出版社，因此，建筑工程出版社第一印刷厂更名为建筑工程出版社印刷厂。

1958 年 10 月，建筑工程出版社在东城区八面槽成立图书发行部和门市部，尝试在以新华书店为主的条件下，自办发行。

1958 年 8 月，建筑工程出版社出版第一本黑白印刷的画册《青岛》，由梁思成先生作序。

《青岛》（1958 年第一版）

1958 年 5 月，建筑工程出版社由阜外大街 34 号迁至百万庄建筑工程部南配楼办公。图为部分职工在办公楼门前合影

## 1959

1959 年 4 月，建筑工程出版社第一本辞典《俄汉建筑工程辞典》出版。

《俄汉建筑工程辞典》

1959 年 3 月，在建筑工程出版社成立 5 周年之际，全社人员在建筑工程部办公楼前合影留念

## 1960

1960 年 1 月，由建筑工程部建筑科学研究院建筑理论与历史研究室王世仁、杨鸿勋编的《西藏建筑》出版。这是建筑工程出版社第一本彩色（插）画册。

1960 年 11 月，中央一级出版社整顿领导小组召集 8 个中央工业口部委的办公厅主任和建筑工程出版社社长开会，宣布 8 个中央工业口出版社合并的决定：由建筑工程部牵头，以建筑工程出版社为基础同其他 7 个出版社合并。12 月，建筑工程部将合并组建方案报国务院审批，1961 年 1 月获批。

《西藏建筑》

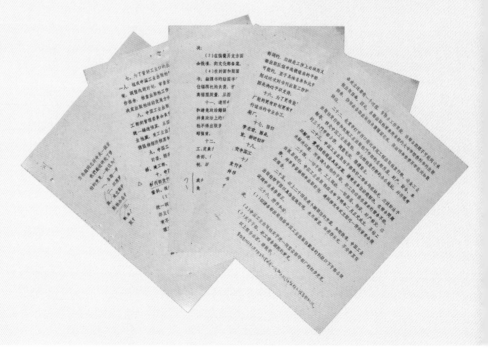

## 中国工业出版社
## （1961-1970 年）

1960 年 9 月，中共中央提出了国民经济
"调整、充实、巩固、提高"的八字方针。
针对之前图书数量猛增、出版质量不高
等问题，出版社开始了布置整顿和调整
工作。建筑工程出版社与中央其他工业
口等 8 家出版社合并，成立中国工业出
版社，管理机构也进行了相应调整。

1961-1966 年，共出版"建工版"新书
534 种，其中有理论著作童寯著《江南
园林志》，应用技术图书李瑞环著《木
工简易计算法》，以及大型工具书——
建筑工程部北京工业建筑设计院编《建
筑设计资料集》（内部发行）等。教材
出版全面启动，出版了大量由国内教授
主持编写的建设类专业教材，如吴良镛、

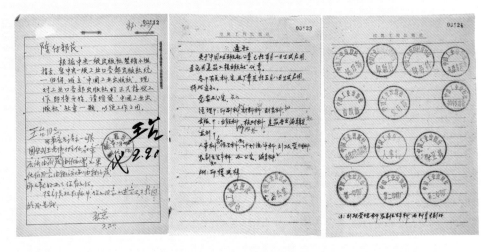

李德华、宗林、齐康、黄光宇等编的《城
乡规划》（上、下），陈志华编的《外
国建筑史（19 世纪末叶以前）》等。

1966 年 5 月，"文化大革命"开始之后，
出版工作基本停顿。从 1967 年到 1970
年，仅出版"建工版"新书 19 种。

# 1961

1961 年 4 月 25 日，中国工业出版社筹
备办公室向建筑工程部党组上报建社事
宜，并呈报国务院。国务院当日即批复

中国工业出版社部分职工合影

筹备组照办。4 月 28 日，由建筑工程部
牵头，以建筑工程出版社为基础，建工、
煤炭、冶金、石油、化工、机工、水电、
地质 8 家出版社合并，正式成立中国工
业出版社。原各出版社所属 6 家印刷厂
一律交由中国工业出版社管理。其中建
筑工程出版社印刷厂改名为中国工业出
版社第一印刷厂。中国工业出版社成立
后，调建筑工程部人事教育局局长王台
任社长；建筑工程出版社杨俊、邱增裕、

于渤及其他社原领导张世俊、王寿山任
副社长，后又调入冷拙任副社长。

1961 年出版《城乡规划》（上、下册）
教材。本书由吴良镛、李德华、宗林、
齐康和黄光宇等城乡规划学界专家学者
共同编写，是新中国成立以来第一部比
较成熟的，能够系统总结中国和国外先
进经验的城乡规划教材，代表了当时我
国城乡规划领域的最高学术水平。

《城乡规划》教材

# 1962

1962 年 1 月，出版由陈志华编著的《外国建筑史（19 世纪末叶以前）》。1989 年荣获首届全国优秀科技史图书奖。

1962 年 11 月，中国工业出版社改由国家经委领导（1964 年 8 月改由国家科委领导），杨俊同志调回建筑工程部。

《外国建筑史（19 世纪末叶以前）》
（中国工业出版社 1962 年版）

《外国建筑史（19 世纪末叶以前）》
（中国建筑工业出版社 1979 年版）

《外国建筑史（19 世纪末叶以前）》
（中国建筑工业出版社 1997 年版）

《外国建筑史（19 世纪末叶以前）》
（中国建筑工业出版社 2004 年版）

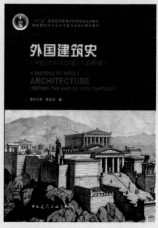

《外国建筑史（19 世纪末叶以前）》
（中国建筑工业出版社 2010 年版）

# 1963

1963 年 5 月，原建筑工程出版社编辑部从中国工业出版社调回建筑工程部，定名为建筑工程部编辑部，由部办公厅领导。

原建筑工程部编辑部部分工作人员合影

1963 年 11 月，《江南园林志》出版，该书由我国著名建筑学家、建筑教育家、中国近代造园理论的开拓者童寯先生于 1937 年所著，是我国最早采用现代方法进行测绘、摄影的园林专著。1984 年，该书再版，并于 1989 年荣获首届全国优秀建筑科技图书部级奖一等奖。

《江南园林志》（1963 年第一版）

《江南园林志》（1984 年第二版）

## 1964

1964 年 1 月，建筑工程部编辑部改由建筑工程部技术情报局领导。

1964 年 1 月，大型工具书《建筑设计资料集》第 1 册出版并内部发行（1978 年 3 册完成出版），此书一经问世即被誉为建筑界"天书"。这是新中国成立后出版的第一部建筑设计专业大型工具书，1989 年荣获首届全国优秀建筑科技图书部级奖一等奖。

《建筑设计资料集》（第一版）

1964 年 4 月，为贯彻国务院有关加强高等院校和中等专业学校教材建设的指示，根据国家经委批复，建筑工程部在部教育局内组建了教材编辑室。教材编辑室和建筑工程部编辑部两个编辑部（室）编辑的书稿都交由中国工业出版社出版，版权页上注明"建工版"字样。

## 1965

1965 年 5 月，随着建筑工程部分为建筑工程部和建筑材料工业部，建筑材料工业图书编辑工作也从建筑工程部编辑部中分出，成立了建筑材料工业图书编辑部，办公地点转到建材部技术情报所内。因建筑工程部技术情报局撤销，建筑工程部编辑部合并到建筑工程部建筑科学研究院情报所。

## 1966

1966 年 5 月，《木工简易计算法》出版。本书作者李瑞环结合工地生产实践，创造性提出以计算法代替传统费时费工费力的木工放大样，是 20 世纪 60 年代重大的技术创新。1972 年，该书修订出版第二版，至 1980 年 4 次重印，累计印数 138.2 万册。这是我社第一本发行量超百万册的图书，亦是当时科技图书发行之冠。

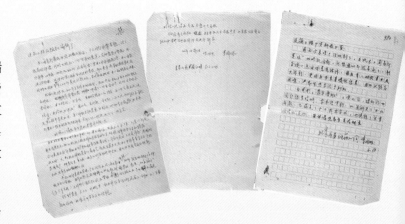

李瑞环同志就《木工简易计算法》出版给我社的两封来信

1966 年 5 月，"文化大革命"开始之后，建工、建材两个图书编辑部和教材编辑室的业务工作基本停顿。

《木工简易计算法》

七秩芳华 中国建筑出版传媒有限公司 70 周年

# 1967-1970

1967 年，为了配合三线建设，部分业务逐步恢复，组织出版了设计人员现场设计急需的少量手册类工具书。1969 年 8 月干部下放，编辑部大部分人员下放干校，在农村劳动锻炼，少部分人员留京处理业务。中国工业出版社印刷厂，包括由原建筑工程出版社印刷厂、水利电力出版社印刷厂合并而成的中国工业出版社第一印刷厂，也全部下放到北京市毛主席著作出版办公室。1970 年 1 月战备疏散搬迁，建工图书编辑部抓业务的班子随建筑科学研究院迁至河南省武陟县。1970 年 10 月中国工业出版社宣布撤销，年底业务班子成员随干校人员分配下放各地，出版工作陷入停顿。

在此期间，编辑人员主动开展工作，克服重重困难，出版了《建筑结构设计手册》《给水排水设计手册》《工业锅炉房设计手册》《空调制冷设计手册》等手册类工具书，对配合"三线"建设起到了积极作用。

《建筑结构设计手册》

《工业锅炉房设计手册》

《给水排水设计手册》

## 中国建筑工业出版社

1971 年 3 月全国出版工作座谈会后，中国出版业开始走上了恢复和发展的道路。中国建筑工业出版社也在此之后按照国家建委的指示开始筹建。出版社到处物色人才，调集干部，建立组织机构，恢复正常工作秩序。

出版社在恢复成立之初即大兴调查研究之风，了解急需，征求选题意见，物色作者，狠抓图书质量。在组织编辑人员深入全国各地调查研究的基础上，编制了 1973-1975 年选题计划，重点抓成套的丛书、手册以及工人普及读物、新技术应用图书的出版，《建筑设计资料集（第 3 册）》《建筑施工手册》《给水排水设计手册》《硅酸盐辞典》等图书以及"建筑工人技术学习丛书""安装工人技术学习丛书"等都在这一时期启动了编写工作，并陆续出版。从 1972 年恢复出书到 1978 年，年均出版图书近百种。

## 1971-1973

1971 年 3 月，在北京召开全国出版工作座谈会，强调要恢复出版工作，解决书荒问题。会后决定筹建中国建筑工业出版社，筹建工作暂由新组建的建筑科学研究院领导，杨俊同志负责，杨永生同志协助。

1971 年 11 月 13 日，国家基本建设革命委员会发出《关于成立中国建筑工业出版社的通知》："遵照伟大领袖毛主席亲自批示同意的中共中央 1971 年第 43 号文件精神，为了加强建筑工程和建筑材料工业图书的出版工作，我委决定从 1971 年 11 月 15 日起成立中国建筑工业出版社，启用印章。希望各有关部门大力协助，共同作好建筑工业图书的出版工作。"社址在车公庄大街建研院四楼，1973 年 5 月迁至百万庄国家建委北配楼。筹建伊始，出版社调集技术人员和原出版社的老编辑，建立组织机构，设置编辑部、出版部、政工组，编辑部下设三个编辑组：建筑组、施工组、建材组。同时还力争收回了被下放到地方的印刷厂。

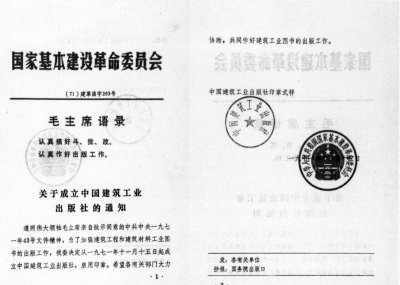

七秩芳华 中国建筑出版传媒有限公司 70 周年

出版社边筹建、边组稿，积极开展编辑、出版等业务活动。1971年11月，杨俊等同志参加国家建委建材局在山东泰安市召开的全国小水泥工作会议，会上决定组织编写出版一套"'小水泥'技术资料"系列图书（共出版了13册）和一套"'小水泥'技术丛书"（8册）（组稿过程中改为"立窑水泥技术丛书"，共6册），拉开了我社重建后编辑、出版工作的序幕。

在出版社成立后不久，得知原中国工业出版社印好的《建筑设计资料集》第1、2集，因内容被批判，印好的书页被封存并拟销毁，当即派人去印刷厂调查有关情况，决定装订出版，内部发行。

1972年，出版社接受刘敦桢先生的学生齐康的建议，决定整理出版刘敦桢先生关于苏州园林的遗稿。

1973年9月，孟广彬同志任中国建筑工业出版社党的核心小组组长，杨俊同志任副组长。

"建筑工人技术学习丛书"

《给水排水设计手册》

# 1975

1975 年 2 月，我社和南京工学院建筑系共同邀请了多位专家、教授，组织召开刘敦桢《苏州古典园林》审稿会，杨廷宝教授亲临指导。会后，根据讨论的意见继续推进书稿整理工作，直到最后完成。《苏州古典园林》出版后受到国内外建筑界、学术界和出版界的一致好评，并于 1982 年荣获我国首届全国优秀科技图书奖。

1975 年 2 月在社长杨俊（前排右四）、副总编辑杨永生主持下，我社在苏州召开《苏州古典园林》一书出版工作会议，图为与会者合影

1975 年 3 月，为了支援辽宁营口、海城等地震灾区，我社向相关单位无偿捐赠 16 万册《房屋抗震基本知识》。

1975 年 7 月，《工程地质手册》出版，并于 1978 年荣获全国科学大会奖。该书涵盖了工程地质和岩土工程专业的所有领域，分别于 1982 年、1992 年、2007 年、2018 年 4 次修订再版，累计 50 余次重印，总发行量 24 万余册，为工程地质类手册发行量之冠。1994 年荣获兵器工业部科技进步二等奖。

《房屋抗震基本知识》　　　　　　　《工程地质手册》

## 1976

1976年3月，由国家建委建筑科学研究院编写、郭沫若题写书名的《新中国建筑》（中英文版本）画册出版。这是我社出版的第一部大型画册。

1976年5月起，"建筑结构基本知识丛书"陆续出版。这套丛书共13个分册，包括《房屋地基基础》《房屋结构抗震设计》《木屋盖结构》等，后来又补充了《结构动力学基础》。本丛书每个分册累计印数一般都在20万册以上，印数最多的《民用房屋混合结构》达33.2万册。

唐山地震后，为配合房屋抗震加固，1976年12月出版了《建筑震害分析资料选编》《建筑抗震加固资料选编》（内部发行）。

《新中国建筑》（中英文版）　　《建筑震害分析资料选编》　　《建筑抗震加固资料选编》

"建筑结构基本知识丛书"

## 1977

1977年郭沫若同志为我社题写社名。

### 郭沫若为我社题写社名小记

1976年郭老尚在中国科学院院长任上，我社曾致函科学院，商请郭老给我社题写社名及《中国古建筑》书名，许久未见回音。因我社编辑张梦麟的故交徐秉铎先生的近亲王庭芳先生系郭老秘书，杨永生总编辑委托张梦麟通过徐秉铎的关系找王庭芳疏通此事。王先生曾谈及郭老对建工出版社很有印象，知道出版了不少书，现在出版《中国古建筑》是好事。过段时间又去打听，问到郭老，他说"我早就写了，夹在一本书里，打倒'四人帮'以后我还没过字呢"。后来果然在一本书中找到，是七八张纸条，郭老说请他们拼一下吧！我社美编刘玉琦同志拼好之后，又送到郭老处，请他过目。郭老表示拼得好，很知书法。就这样我社的牌匾及日后所有图书上的社名，都改用了郭老的手迹。不久郭老去世，留下来的这些字就成了珍贵的文物。

1978年12月党的十一届三中全会揭开了我国改革开放和社会主义现代化建设新时期的序幕。中国建设事业的发展成就举世瞩目，城乡面貌发生翻天覆地的变化，居民住房条件显著改善，建筑业蓬勃发展。中国建设事业持续又好又快地发展，为保障和改善民生、促进国民经济平稳健康发展作出了巨大贡献。作为中国特色建设事业的一个重要部分，建筑出版独具特色，独领风骚。

改革开放以来，在住房和城乡建设部、中宣部、财政部等主管部门的坚强领导下，在社会各界的关怀和支持下，在单位历任领导集体的团结带领下，中国建筑工业出版社始终坚持以弘扬建筑文化、传播建设科技为首任，坚持服务国家发展战略、服务建设行业发展，推出了一系列重大出版项目，策划出版了一大批优秀的理论著作、应用图书、专业教材、标准规范和普及读物以及数字、网络、音像产品，形成了特色鲜明、重点突出、层次多样、颇具规模的出版物体系，为培养建筑专业人才、推动建筑业科技进步、繁荣建筑出版事业提供了丰富的精神食粮，见证了我国改革开放以来住房城乡建设事业的发展历程，更为推进住房和城乡建设事业的改革与发展作出了重要的贡献。

1993年被中宣部、新闻出版署表彰为全国首批"优秀图书出版单位"，1998年获评为首批"全国优秀出版社"，2009年被评定为科技类一级出版社，获"全国百佳图书出版单位"称号，2007年和2010年连续获评为"中国出版政府奖"先进出版单位，建工出版人的不断耕耘求索得到了政府和行业的高度认可，建工社的品牌影响力得到了大大提升。

## 伟大历史转折时期的出版工作（1978-1991年）

1978年12月党的十一届三中全会揭开了我国改革开放和社会主义现代化建设新时期的序幕。举国上下人心大振，各条战线纷纷筹划如何尽快开创新的局面。在党中央领导和改革开放方针政策指引下，城乡建设领域进行了一系列深刻的制度变革和体制创新，极大地促进了城乡建设事业的改革和发展。建筑业引领改革先声，在我国的国民经济体制改革中起到了"突破口"的作用，建筑业的支柱产业地位初步得到确立，为建筑图书出版创造了良好的条件。众多优秀建筑图书的出版，也为我国城乡建设领域的改革开放作出了积极贡献。

# 1978

1978年3月，我社总编辑夏行时同志任第五届全国政协委员（1983年第六届连任）。

1978年3月，《毛主席纪念堂》画册经国家建委报中央领导批准后出版。

总编辑夏行时同志

《毛主席纪念堂》

参与毛主席纪念堂设计的专家们在研讨设计方案

# 1979

1979 年 3 月，国家基本建设委员会分为国家基本建设委员会、建筑材料工业部、国家建筑工程总局、国家测绘局、国家城市建设总局和国务院环境保护领导小组办公室 6 个单位。5 月，我社划归国家建筑工程总局领导。1979 年出版社内设机构有：总编室、建工编辑室、建材编辑室、城建编辑室、计划管理室、出版室、办公室、党委办公室、硅酸盐辞典办公室（临时机构）。

《建筑师》1979 年首期封面

1979 年 8 月，《建筑师》杂志创办，杨永生任主要领导，王伯扬主持日常编务，按季出版（第 45 期开始改为双月刊）。创办之初《建筑师》举办了多次"全国大学生建筑设计方案竞赛""全国中小型优秀建筑设计评选""全国大学生建筑论文竞赛"，刊登了大量具有很高学术价值的论文、译文，逐步成为中国建筑界颇具学术分量和影响力的刊物。2003 年 6 月，《建筑师》获期刊出版许可证，逐步成为中国建筑界颇具影响力的刊物。目前已出版 230 余期。2024 年 3 月该刊被列入社会科学核心期刊 CSSCI（2023–2024）扩展版。

1979 年《建筑师》编委会部分成员合影

《建筑师》杂志

1979 年 10 月，《苏州古典园林》出版。该书是刘敦桢先生率数十位师生历经 20 年对苏州古典园林进行调查、测绘和研究的成果，以其丰富的内容、珍贵的图片而蜚声海内外，并在日、美等国出版了日文版和英文版。1982 年荣获第一届全国优秀科技图书奖。

为了执行对外开放政策，参加国际图书出版交流，我社从 1979 年起就开始了国际合作出版业务。同日本每日交流社、小学馆等出版社合作，出版了《承德古建筑》（中、日文版）、《中国古建筑》（中、日、英文版）、《中国园林艺术》（中、德、法文版）等，引起了国外建筑界的注目。我社是最早开展对外合作的国内出版社之一。

《苏州古典园林》（1979 年版）

《苏州古典园林》（中、英、日文版）

《中国园林艺术》（中、德、法文版）

# 1980

国家建筑工程总局在《1980 年工作要点》中指出："中国建筑工业出版社要进一步提高图书质量，抓好重点书刊和教材的编辑出版工作，采取积极措施，缩短出版周期，为培养人才和实现四个现代化多出好书。"根据中央精神，按照国家建筑工程总局部署，社里发动全体职工总结工作，研究出版社如何实现"转轨"问题。

1980 年 2 月，经国家建筑工程总局批准，我社开始进行企业化管理试点，财政部不再拨给事业经费，经济上实行独立核算，自负盈亏。我社提出，1980 年的主要任务是：继续贯彻执行"调整、改革、整顿、提高"的方针，在调整中前进，提高图书质量，缩短出书周期，减少消耗，降低成本，全面超额完成编辑、出版计划。此外，还特别提出要加强经营管理。

1980 年 10 月，《中国古代建筑史》（刘敦桢主编）出版。本书由中国建筑科学研究院于 1959 年组织全国知名建筑院校及文化、历史、考古单位的几十位建筑史学家、学者编写，历时七年，八易其稿，1965 年由梁思成、刘敦桢等主持定稿，直到 1980 年才得以出版面世。该书凝聚了我国三代建筑史学家的集体智慧，系统阐述了我国古代建筑的发展和成就，引证了大量的文献资料和实物记录，吸收了中国近现代对中国建筑史研究的基本成果，奠定了中国古代建筑史研究的基本框架，是迄今学界公认的关于中国古代建筑史研究最权威的经典著作之一。1981 年获国家建筑工程总局优秀科研成果奖一等奖。1984 年 6 月出版第二版，并于 1987 年获全国高等学校优秀教材奖特等奖、城乡建设环境保护部优秀教材奖一等奖，1989 年获首届全国科技史优秀图书奖荣誉奖，1992 年获国家教委以及建设部评选的全国高校优秀教材奖。

《中国古代建筑史》（刘敦桢主编）

1980 年 12 月，《建筑施工手册》平装和精装两种版本同时面世。该书是我国第一部建筑施工领域的综合性大型工具书，在 1988、1997、2003、2012 年四次修订再版，始终跟踪工程施工技术与管理的发展成果，反映最新施工技术水平，累计发行超 300 万册。1982 年荣获第一届全国优秀科技图书奖。1991 年，该书第二版被媒体誉为"推动我国科技进步的十部著作之一"，1993 年 8 月，被中国书刊发行业协会评为第四批全国优秀畅销书（科技类）。

《建筑施工手册》

# 1981

1981 年 4 月，中国出版工作者协会科技出版工作委员会在京成立，这是中国版协建立的第一个工作委员会，我社副总编辑杨永生当选为委员。此后，我社主要领导一直在版协科技委等出版行业学协会担任重要职务。

1981 年 4 月，我社读者服务部（门市部）开业，地点在车公庄大街办公楼北侧。

我社领导与读者服务部（门市部）员工合影

1981 年 10 月，出版明代计成原著、陈植注释的《园冶注释》（第一版）。

1981 年 12 月，我社出版《清式营造则例》。本书是梁思成先生于 20 世纪 30 年代对清代建筑营造方法及则例研究的学术著作，一直被国内建筑史学界和古建筑修缮单位公认为重要的"文法读本"。

《园冶注释》（第一版）

《清式营造则例》

# 1982

1982 年 5 月 4 日，根据国务院部委机构改革的决定，国家城市建设总局、国家建筑工程总局、国家测绘总局、国家基本建设委员会的部分机构和国务院环境保护领导小组办公室合并，成立城乡建设环境保护部（简称"建设部"）。我社、印刷厂改由城乡建设环境保护部领导。

1982 年 2 月，中国版协科技出版工作委员会举办的"1977-1981 年度全国优秀科技图书评奖"颁奖大会在北京举行，这是我国第一次对科技图书进行全国性的评选，有 73 种科技图书获奖。我社《苏州古典园林》《建筑施工手册》两种图书获奖。

1982 年 2 月，出版了我社第一部声像读物——附有解说磁带的幻灯片《西藏古建筑》。

1982 年 4 月，《中国建筑材料年鉴（1981-1982）》出版。这是我社出版的第一部年鉴。

1982 年 5 月，由我社编写、杨廷宝先生（时任中国建筑学会理事长）作序、尾岛俊雄先生（早稻田大学教授）领衔翻译、日本每日交流社出版的《西藏——秘境圣迹》面世，这是我社第一本日文输出版图书。后来又陆续出版了英文、法文、德文版。

城乡建设环境保护部

《西藏古建筑》

《中国建筑材料年鉴（1981-1982）》

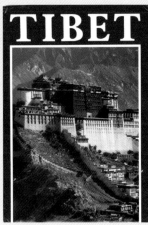

《西藏——秘境圣迹》（中、英、法、德文版）

1982 年 7 月，由天津大学建筑系、承德市文物局编写，尾岛俊雄先生领衔翻译，日本每日交流社出版的《承德古建筑》问世。

《承德古建筑》（中、日文版）

《承德古建筑》

20 世纪 80 年代社相关领导和同志访问日本洽谈出版合作

1982 年 11 月《刘敦桢文集》（第一集）出版，1982 年 12 月《梁思成文集》（第一集）出版。

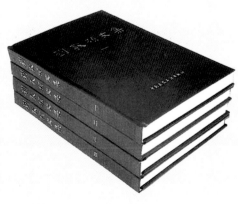

《梁思成文集》（第一集）　　　　《刘敦桢文集》

# 1983

1983 年，按照建设部改革会议精神，出版社逐步实行企业化管理。

1983 年 2 月，社长办公会决定推进体制机制改革，推动发行业务实行经营指标承包制，校对、设计业务实行定额承包，编辑业务实行定额考核制。

1983 年 2 月，童寯先生编撰的《造园史纲》由我社出版。本书介绍了东西方造园史，以及中国、日本与英、法等国的造园成就及其相互影响，同时对现在造园职业及专业教育也作了论述。

1983 年 6 月，中共中央、国务院发布的《关于加强出版工作的决定》，对新时期出版工作的性质和指导方针作出了明确规定，对加强出版队伍的建设，改变印刷、发行的落后现状，进一步加强和改善对出版工作的领导等方面提出了具体的要求。中共中央和国务院就出版工作作出决定，是新中国成立以来的第一次。这是指导整个出版战线一个时期工作的纲领性文件，对出版界明确方针、统一思想产生了深远影响。

1983 年 9 月，《建筑空间组合论》出版。彭一刚先生从空间组合的角度系统阐述了建筑构图的基本原理及其应用。该书是建筑学专业经典理论著作，累计印数近 50 万册。

《造园史纲》

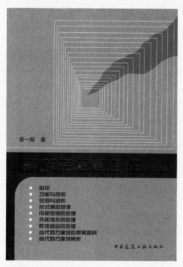

《建筑空间组合论》

七秩芳华 中国建筑出版传媒有限公司 70 周年

1983年9月，我社出版了梁思成先生的《营造法式注释》（卷上）。宋代李诫的《营造法式》，在很长时期内是一部无人能懂的天书。中国营造学社为这部书的研究制定了计划，梁思成等先生加盟学社后，经数十年实例考察与探究，在十分艰难的外部条件下，完成《营造法式注释》（上、下册）基础本，为世人学习古代典籍《营造法式》，奠定了具有重大突破性的研究基础。其书上卷包括对看详、总释、壕寨、石作，及全书最核心之大木作斗栱、柱额、梁架等制度的详细注释。

1983年10月，为加强图书发行工作，社党委决定成立发行室，后来发行室发展为三科一部，即业务科、邮购科、宣传推广科和读者服务部。

1983年11月，由我社编写、尾岛俊雄先生领衔翻译、日本彰国社出版的《中国古建筑游览指南》出版，这本书为日本游客来华游览中华古建瑰宝提供了很好的指引。

《营造法式注释》（卷上）

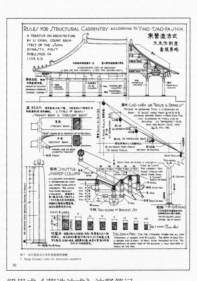
梁思成《营造法式》注释笔记

《中国古建筑游览指南》（日文版）

# 1984

1984 年 4 月，为系统介绍国务院 1982 年公布的首批历史文化名城，展现各座城市的文化魅力，我社启动"中国历史文化名城丛书"编写工作。

1984 年 6 月 6 日，我社与《建筑》杂志社在北京展览馆剧场联合举行成立 30 周年庆祝大会，建设部党组书记芮杏文、副部长廉仲，劳动人事部副部长焦善民及国家建材局、北京市、中宣部和文化部主管出版部门的负责同志出席了会议。杨俊社长发表了题为"前进中的建筑出版事业"的发言，指出："经过 30 年的努力，中国建筑工业出版社已发展成为拥有 900 余名职工，编辑、出版、印刷、发行部门齐全，业务比较熟练的建筑专业出版社。出版了建筑理论与历史、建筑艺术与园林、城乡建设、建筑工程、建筑材料工业、建筑经济及企业管理等各种专业图书 4300 余种，总印数超过 1 亿册，对促进社会主义建设，繁荣科技、文化、教育事业，都起了重要作用，在国内外享有良好的声誉。"

1984 年 6 月，为了响应全国地方出版工作会议和认真贯彻中央关于经济改革有关精神，我社制定出版改革方案，提出由单纯的生产型向生产经营型转变，坚持事业单位企业化经营的管理办法，试行技术经济责任制度，试行以收抵支、盈余留成。

1984 年 10 月，建设部党组正式批准改革方案。得到部里批复后，我社开始有计划、有步骤地落实改革方案的内容。

"中国历史文化名城丛书"编写会议与会代表合影

1984年6月，《硅酸盐辞典》出版。该书由300余位专家学者历经10年修编而成，共计240余万字，收录传统和新型无机非金属材料相关词条10296条，是当时国内无机非金属材料学科唯一的辞书。

1984年，我社在深圳经济特区设立了中国建筑书店。

我社在深圳经济特区设立了中国建筑书店

《硅酸盐辞典》座谈会

1984年12月，由彭圣浩主编的《建筑工程质量通病防治手册》出版。本书汇集了130多位作者收集整理的工业与民用建筑工程2340项质量通病，介绍了通病的现象、产生原因，并贯彻预防为主的方针，着重阐述预防措施。至2014年，该书已修订至第四版，累计印刷41次，印数达62万余册。1990年获首届全国优秀建筑科技图书部级奖一等奖。

《建筑工程质量通病防治手册》

# 1985

1985 年，编辑、出版、发行部门开始试行任务承包，正文、美术设计试行部门超额计奖。1985 年 5 月，全面试行岗位责任制。1985 年 7 月，宣布新的机构设置，并对全社科级以上干部全部实行聘任，任期两年。新的机构包括经营管理室（办公室）、总编室、人事处、党委办公室、行政处、第一编辑室、第二编辑室、第三编辑室、第四编辑室、第五编辑室、装帧设计室、出版室。

1985 年 3 月，日本著名建筑师芦原义信先生的代表作《外部空间设计》出版，该书成为建筑学专业、园林专业的"必读书"。

1985 年 8 月，钟训正先生的《建筑画环境表现与技法》出版，该书用大量图例，配以简明的文字说明，介绍了用钢笔绘制建筑画应注意的要点和基本技法，提供了数量众多的建筑环境表现范例。截至 2023 年，累计印刷 53 次，印数 28 万册，是对全国建筑学子产生广泛影响的经典图书。

《外部空间设计》

《建筑画环境表现与技法》

《建筑画环境表现与技法》内页

# 1986

1986 年 4-6 月，我社正式颁发《工作考核及奖惩暂行办法》《出版图书质量管理暂行办法》《出版图书质量暂行标准》《图书出版计划管理暂行制度》等，逐步走上规范化管理道路。

1986 年 9 月，针对图书购销形式和发行折扣的改变，我社提出在"七五"期间，要实行"编、印、发并重，大力加强发行"的方针，要求发行室 1987 年力争实现销售码洋 1000 万元。

1986 年 10 月，"中国历史文化名城丛书"出版。

1986 年 12 月，《给水排水设计手册》（第一版）出版发行，共 11 册，1988 年荣获全国科技图书一等奖。2000 年《给水排水设计手册》（第二版）问世，共 12 册。2012 年《给水排水设计手册》（第三版）出版发行，共 9 册。该手册自出版以来，深受广大读者欢迎，在给水排水工程勘察、设计、施工、管理、教学、科研等各个方面发挥了重要作用，是给水排水行业内最具指导性和权威性的设计手册。

"中国历史文化名城丛书"

"给水排水设计手册"

# 1987

1987年2月，我社在西安召开了全国建工版图书发行站（服务部）工作座谈会。这是我社首次召开全国发行站工作会议。

我社在西安召开了全国建工版图书发行站（服务部）工作座谈会

1987年3月，我社举办第一届图书质量展。此后每2-3年举办一次。

1987年12月，《中国美术全集》（共60卷）出版。该书由中宣部出版局和文化部出版局组织，我社与人民美术出版社等5家出版社历时5年共同完成。我社负责建筑艺术编的6册。1991年荣获首届全国优秀建筑科技图书奖一等奖，1994年获首届国家图书奖荣誉奖。

1987年，我社组织古建专家编写以普及古建专业知识为主的"中国古建筑知识丛书"陆续出版，共18个分册。这套丛书的每一分册内容力求深入浅出，通俗易懂，并配以精美插图和照片，专业性、知识性和趣味性兼备，图文并茂，引人入胜。通过这套丛书的介绍，能使广大读者对我国古代建筑的优秀传统、独特的艺术风格及其精湛的技术有较概括的了解。

1993年10月社领导陪同时任城乡建设环境保护部副部长谭庆琏（左一）参观第三届图书质量展

《中国美术全集》

"中国古建筑知识丛书"

# 1988

1988 年 5 月，第七届全国人民代表大会第七次会议通过《关于国务院机构改革方案的决定》，中华人民共和国城乡建设环境保护部撤销，设立中华人民共和国建设部。我社主管主办单位改为建设部。

1988 年 5 月，周谊社长被增选为中国出版工作者协会第二届科技出版工作委员会副主任（1990 年第三届、1994 年第四届连任）。

为了加快和深化出版社的改革，1988 年 5 月 6 日中央宣传部、新闻出版署联合发出《关于当前出版社改革的若干意见》。根据中央精神，1988 年 9 月社办公会议上，周谊社长提出了《1989-1991年深化改革纲要》。指导思想是建立充满活力的管理体制，更有效地调动全社职工的积极性，更好地坚持为人民服务、为社会主义服务的方针，出版更多的好书，在坚持社会效益第一的前提下，争取尽可能好的经济效益，为改善职工工作、生活创造条件。在总体构思中提出"完善主体（编辑出版），加强两翼（多种经营与国际合作）"的发展战略。

1988 年 7 月，《中国土木建筑百科辞典》出版工作启动，经过约1000 位学者十多年不懈努力，于 1999 年得以问世。该辞典收词6 万多条，分为 14 卷，各卷内容自成体系，是中国土木建筑行业规模最大、收词最多、涵盖专业面最广的专业科技辞书。

《中国土木建筑百科辞典》

建设部领导与《中国土木建筑百科辞典》编委会人员合影（前排右六为中国科学院院士、中国工程院院士、编委会主任李国豪，前排左七为时任建设部总工程师、编委会副主任许溶烈）

## 1989

1989 年 5 月，为深化我社改革，进一步改进分配制度，更充分地调动职工的积极性，我社在总结过去几年经验教训的基础上，陆续制订了《1989 年社及各部门的工作考核、奖惩办法》，并将这些办法汇集，向建设部报告。

1989 年 7 月，《英汉给水排水辞典》出版。本书是我国给水排水专业第一本专业辞书，也是我社使用计算机排版的第一本辞书。

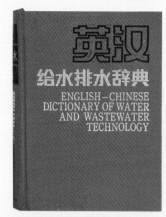

《英汉给水排水辞典》

## 1990

1990 年 6 月，我社在京直属发行机构中国建筑书店开业，地址位于西城区百万庄北里甲 14 号。

中国建筑书店开业

1990 年陆续出版了"国外著名建筑师丛书"、《建筑结构构造资料集》等一批重点图书、实用技术类工具书。

《建筑结构构造资料集》

1990 年起,《中国古建筑大系》(共 10 卷)陆续出版,1992 年出齐。该书由我社与台湾地区光复书局合作出版,各卷主编和摄影主要由我社建筑学专业编辑和摄影师担任(外请孙大章、邱玉兰、茹竞华三位专家分别承担礼制建筑、伊斯兰教建筑和北京故宫的撰稿工作)。该套书不仅在两岸畅销(台湾地区发行 2 万套),德国施普林格出版社也购买了版权,出版了 10 卷本的英文版。该套书于 1995 年荣获第七届全国优秀科技图书特别奖及第二届国家图书奖荣誉奖。

《中国古建筑大系》

《中国古建筑大系》(共 10 卷)

《中国古建筑大系》(共 10 卷)

《中国古建筑大系》(共 10 卷)获全国优秀科技图书特别奖

《中国古建筑大系》(共 10 卷)获第二届国家图书奖荣誉奖

《中国古建筑大系》中、英文版

# 1991

1991 年 5 月，梁思成先生的《图像中国建筑史》汉英双语版由我社出版，1992 年获第 7 届中国图书奖二等奖。

《图像中国建筑史》（汉英双语版）

1991 年 6 月，由张绮曼、郑曙旸主编的《室内设计资料集》出版。该书是国内最全面、系统和实用的室内设计专业大型工具书，被誉为室内设计界的"红宝书"，累计印刷 75 次，印数 95.4 万册。该书 1993 年获第二届全国优秀建筑科技图书奖一等奖。

《室内设计资料集》

1991 年 10 月，我社《关于第八个五年计划发展纲要》经过反复讨论修改，向全社发布。这是我社第一次系统制定本社的五年发展规划。规划包括前言、总的指导思想、主要工作目标和主要措施。主要措施包括 8 个方面：一是坚持深化改革，以改革统揽全局；二是加强编辑部门的宏观管理和作者队伍建设；三是进一步加强出版管理和质量监控机制；四是完善发行承包经营机制，探索新的管理体制；五是提高经营管理的宏观调控能力，在"两个效益"上下功夫；六是努力开拓国际图书市场，搞好对外合作出版，促进对外文化交流；七是抓好干部（特别是各级领导干部和中青年干部）培养和考核；八是努力搞好思想政治工作和行政后勤工作。

1991 年 11 月，《西方造园变迁史 从伊甸园到天然公园》由我社引进出版后，成为园林专业师生必备书。

《西方造园变迁史 从伊甸园到天然公园》

## 面向新世纪的出版工作（1992-2001 年）

1992 年，党的十四大第一次明确提出建设社会主义市场经济体制的改革目标，把社会主义基本制度和市场经济结合起来，建立社会主义市场经济体制。在加快改革开放和现代化建设步伐下，引领建设领域持续向前发展。这一时期，我国城市规划行业不断发展壮大、人才队伍茁壮成长，大量城市规划活动的开展积极配合国家的快速工业化和城镇化进程；以住房为主的房地产市场迅速发展，居民住房面积显著增加，住房质量和居住环境有了较大改善，房地产业成为国民经济的重要支柱产业。逐步建立适应社会主义市场经济体制的图书出版体制成为我社该阶段出版改革的中心工作，我社积极调整图书出版结构，注重提高图书出版的质量和效益。转换经营机制，增强在市场竞争中的活力，发展模式从以数量增长为主要特征向以优质高效为主要特征转变，管理手段从行政管理为主转向以宏观的依法管理为主，进一步探索建立现代企业制度。同时，汇集国内外优秀作者，推出了一系列优秀著作，促进了我国城乡建设的市场化改革。

# 1992

1992 年 5 月，建设部"全国建设系统事业单位机构改革领导小组"确定我社为事业单位机构改革试点单位。为了使生产组织更好地适应市场经济的需要，充分发挥潜力，我社调整机构设置，在编、印、发改革方面进行了一些尝试。1992 年将原装帧设计室、出版室、广厦出版咨询服务部、建筑书刊出版发行技术咨询服务部改组为综合计划处和 3 个各具特色的印务公司。1992 年 6 月，新闻出版署审定我社为总发行单位。1992 年 11 月，建设部批复同意《中国建筑工业出版社章程》。

截至 1992 年 5 月，我社筹集资金 3000 余万元通过自建和购买等方式，解决了全社含离退休职工在内 300 余人的住房问题，让职工充分享受发展和改革红利。

1992 年 8 月，中国书刊发行业协会科技发行工作委员会成立，刘慈慰副社长当选为副主任。

1992 年 10 月，中国编辑学会在北京召开成立大会，周谊社长和朱象清总编辑出席，并分别当选为副会长、理事。

1992 年 12 月，我社翻译出版了工具书《日英汉土木建筑词典》。

1992 年 12 月，《建筑给水排水设计手册》（第一版）出版发行。2008 年 10 月，《建筑给水排水设计手册》（第二版）于中国建筑学会建筑给水排水研究分会成立大会上举行了首发仪式。2010 年，该手册荣获住房和城乡建设部科技进步奖"华夏建设科学技术"一等奖。《建筑给水排水设计手册》（第三版）于 2018 年 11 月出版发行。该手册是从事建筑给水排水设计工程师和注册公用设备工程师必备的经典工具书和设计资料，被广大建筑给水排水设计师亲切地称为"白皮书"。

《日英汉土木建筑词典》

《建筑给水排水设计手册》（第三版，上下册）

# 1993

1993年3月，我社领取第一份"企业法人营业执照"，注册资金1080万元，正式成为面向全社会提供出版物产品和服务的独立法人。

我社第一份"企业法人营业执照"

1993年，我社在继续贯彻"完善主体，加强两翼"发展战略的同时，提出坚持"提高质量创声誉，以销定产压库存，缩短周期争市场，创双效益求发展"的经营方针，并进一步明确了开展多种经营的方针，大胆开拓，稳步发展。先后成立了"北京同舟出版印刷技术咨询公司"（由离退休同志组建经营）、"广厦建筑咨询公司"、"宝昆装饰装修公司"（社服务公司）和"北京卓越广告公司"等几个具有独立法人资格的经营实体。

1993年9月，我社翻译出版了工具书《日汉建筑图解辞典》，为专业学习与业界交流提供了权威工具书。

《日汉建筑图解辞典》

1992年10月，周谊社长主持社党政联席会议，研究深化改革问题

1993年10月，中央宣传部、新闻出版署发出关于表彰15家出版单位的决定，表彰我社为全国15家优秀图书出版单位之一。

中央宣传部、新闻出版署发出关于表彰15家出版单位的决定

1993年12月22日，钱学森先生给我社来信，提出城市建设应全面考虑，要有整体规划，每个城市都要有自己的特色，要在继承的基础上现代化；结合对园林艺术的领会，要把城市同园林结合起来，建设有中国特色的城市；提出"山水城市"的概念，希望中国建筑工业出版社能多出版这方面的书。

钱学森先生于1993年12月22日给我社的来信

# 1994

1994年5月，发布施行《关于试行策划编辑制暂行办法》，加强图书策划工作。

1994年6月，我社举行建社40周年庆祝大会。

1994年10月，我社成立微机服务中心，发行工作实行计算机管理。

1994年10月，《中国历代艺术（建筑艺术编）》出版。这是汇编中国自史前至清朝各时期艺术精品的大型图集，1995年荣获第四届"五个一工程"图书奖。

1994年起，陆续出版《建筑设计资料集》（第二版）（共10册）。

《中国历代艺术（建筑艺术编）》

《建筑设计资料集》（第二版）

1994年6月，建设部部长侯捷，副部长叶如棠、谭庆琏、毛如柏、周干峙、干志坚、萧桐，科技委主任储传亨，原国家建委主任韩光，新闻出版署副署长刘杲，中宣部出版局局长高明光，中建总公司原总经理张恩树等参加我社建社40周年庆祝大会

中国建筑工业出版社40周年全国图书大联展（合肥）

## 1995

1995年1月，全社职工大会提出"工作目标由数量规模型向优质高效型转移，工作方式由偏重操作型向策划管理型转移"及"优化主体，加强两翼，争创一流，走向世界"的发展战略。

1995年4月18日，新闻出版署发文正式批准我社建立建筑图书连锁店，实行建工版图书连锁经营。这是新闻出版署批准的第一家专业出版物发行连锁店。我社先后在北京、上海、广州、武汉、成都、西安等城市进行了设立代理站点的试点工作。中国建筑书店连锁销售系统的基本模式是"出版社—代理站—连锁店—连锁点"，经过一年多时间的摸索与试运行，1996年10月正式启动时，在全国各省会城市及直辖市基本都建立了代理站，并通过代理站建立了300多家连锁店、点。

新闻出版署发文正式批准我社建立建筑图书连锁店

## 1996

1996年1月，第二届国家图书奖颁奖大会召开，《中国古建筑大系》（共10卷）、《建筑设计资料集》（第二版）获奖。

1996年，钱学森先生在家中接见了我社出版的《杰出科学家钱学森论城市学与山水城市》一书的主编和责任编辑。再版了《杰出科学家钱学森论城市学与山水城市》和《山水城市文集》（第二集）。

1996年1月第二届国家图书奖颁奖大会，我社领导和部分作者合影

1996年，钱学森同志在家中接见了我社编辑吴小亚（左一）

《杰出科学家钱学森论城市学与山水城市》

# 1997

1997 年 7 月，我社梳理总结策划编辑制实施情况，修订发布《关于实行策划编辑制暂行办法》。

1997 年 8 月，《工程结构裂缝控制》出版。该书共重印 14 次，1999 年获第四届国家图书奖提名奖，2000 年获科技部、冶金部科技进步奖二等奖。王铁梦先生结合实践提出伸缩缝间距及裂缝控制的计算公式，获得了广泛应用，研究成果荣获国家科技进步特等奖等。

1997 年，《中国小康住宅示范工程集萃》出版，1998 年荣获中国图书奖。

1997 年，"清华大学建筑学丛书"（共 10 册）荣获第三届"国家图书奖提名奖"。

《工程结构裂缝控制》

《中国小康住宅示范工程集萃》

"清华大学建筑学丛书"（共 10 册）

# 1998

1998 年 3 月，为加强图书质量把关，我社成立终审小组。

1998 年 12 月，我社被中宣部、新闻出版署评为全国优秀出版社。

1998 年，《中国的世界遗产》（中英文版）出版，2000 年荣获中国图书奖。

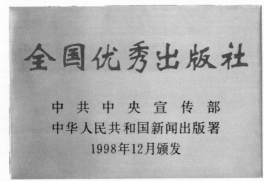

我社被中宣部、新闻出版署评为全国优秀出版社

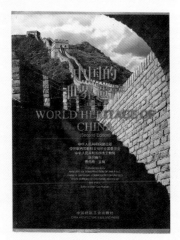

《中国的世界遗产》（中英文版）

# 1999

为了配合 1999 年国际建协第 20 届世界建筑师大会和第 21 次代表会议在北京召开，我社 1995 年就开始策划相关图书，与中国建筑学会等单位合作，1999 年 5 月，我社联合德国施普林格出版社出版了"20 世纪世界建筑精品集锦"（共 10 卷，中、英文版）。这套书规模宏伟、体例严谨、论述缜密，是 20 世纪建筑的断代史诗，荣获第五届国家图书奖、第十届全国优秀科技图书一等奖。

"20 世纪世界建筑精品集锦"（共 10 卷，中文版）

"20 世纪世界建筑精品集锦"（共 10 卷，英文版）

1999 年 6 月起，"世界建筑史"丛书陆续推出，共 12 卷。这套书分别由不同国家有关方面的杰出专家编著，突破了自 19 世纪下半叶以来关于世界建筑历史图书中的局限，成为 20 世纪最为完备的建筑史籍，是 1999 年第 20 届世界建筑师大会的献礼图书，2002 年荣获第 13 届中国图书奖。

1999 年 6 月出版了《杰出科学家钱学森论山水城市与建筑科学》。

《杰出科学家钱学森论山水城市与建筑科学》

周谊社长获中国韬奋出版奖证书

"世界建筑史"丛书（共 12 卷）

1999-2005 年，"世界建筑大师优秀作品集锦"丛书陆续出版，成系列将世界建筑大师的作品与思想引进国内，为我国建筑设计提供了很好的借鉴和参考。

"世界建筑大师优秀作品集锦"丛书

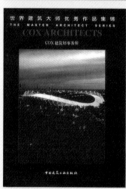

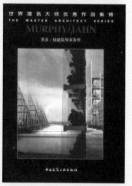

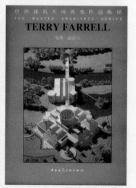

七秩芳华 中国建筑出版传媒有限公司 70 周年

## 2000

2000 年，经新闻出版署批准，我社增加了电子出版物出版业务。

2000 年伊始，至 2006 年，《童寯文集》陆续问世。

《童寯文集》

童寯先生手稿

## 2001

2001 年 1 月，为充分调动广大编辑的积极性，优化选题，提高质量，降低成本，缩短周期，更多、更好、更快地推出"双效益"图书，我社发布施行《图书项目管理办法（试行）》。

2001 年 1 月，我社与清华大学共同创办《住区》杂志（双月刊），2009 年获得刊号。该刊入选"中国核心期刊遴选数据库""中国学术期刊全文数据库""清华大学图书馆馆藏目录"。

2001 年 2 月，在新闻出版署、国家版权局主办，中国出版工作者协会、中国版权研究会承办的评选中，我社被评为"全国图书版权贸易先进单位"。

2001 年 4 月，为纪念梁思成先生诞辰 100 周年，我社出版《梁思成全集》，并在人民大会堂隆重举办首发式，时任全国政协副主席王兆国、教育部部长陈至立、建设部部长俞正声等领导出席。本套图书 2003 年荣获第六届国家图书奖荣誉奖、第十一届全国优秀科技图书奖荣誉奖。

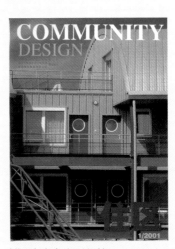

《住区》杂志（双月刊）

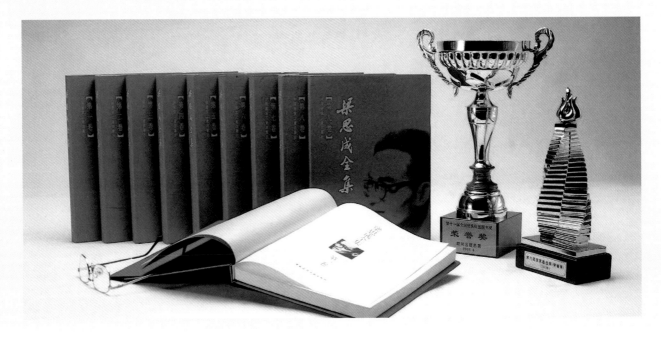

《梁思成全集》

2001年4月，由上海陆家嘴（集团）有限公司编著的"上海陆家嘴金融中心区规划与建筑"丛书出版，共5册，丛书以图文并茂的形式，记录了陆家嘴中心区规划的国际咨询过程，介绍了上海浦东开发十年来的建设发展概貌。

"上海陆家嘴金融中心区规划与建筑"丛书

2001年，为纪念杨廷宝先生诞辰100周年，我社出版了《杨廷宝建筑设计作品选》《杨廷宝美术作品选》和《杨廷宝先生诞辰100周年纪念文集》。

2001年6月起，我社陆续引进出版的"建筑规划·设计译丛"，给当时的建筑设计带来了极大的助力，深受建筑师的青睐。

《杨廷宝建筑设计作品选》

《杨廷宝先生诞辰一百周年纪念文集》

《杨廷宝美术作品选》

"建筑规划·设计译丛"

2001年10月，由中国科学院院士、中国工程院院士吴良镛先生主编的"人居环境科学"丛书出版，其中《人居环境科学导论》是改革开放以来人居科学理论与实践的综合集成。《文化遗产保护与城市文化建设》荣获第三届中华优秀出版物奖图书提名奖。

"人居环境科学"丛书

## 在新形势下的建筑出版工作（2002-2011 年）

2002 年 11 月，中国共产党第十六次全国代表大会提出全面建设小康社会的奋斗目标，并从经济、政治、文化等方面勾画了宏伟蓝图。党的十六大深刻分析了国内外形势的变化和特点，作出了深化文化体制改革的战略部署。之后我国文化体制改革加速，出版体制的改革也随之提速。2003 年，新闻出版总署制定并下发《新闻出版体制改革试点工作实施方案》，中国出版体制改革进程中具有里程碑意义的帷幕拉开，开始进入体制和机制改革的深化发展阶段。2003 年

10 月，党的十六届三中全会第一次完整地提出了科学发展观，强调"坚持以人为本，树立全面、协调、可持续的发展观，促进经济社会和人的全面发展"。在全面建设小康社会的目标引领和贯彻落实科学发展观的战略部署下，住房和城乡建设领域城乡规划制度进一步完善，发挥城乡规划综合调控作用明显，城市管理水平和发展质量不断提高，人居环境和城市综合承载能力持续提升。为了进一步壮大实力，增强活力，提高竞争力，我社向建设部办公厅并转新闻

出版总署图书管理司报送了《关于我社申请为"走内涵式发展道路的大社、名社试点"的报告》，明确提出了建立"国内领先、国际知名"专业强社的发展目标。

进入 21 世纪，我国图书市场发生了很大变化，当许多专业科技出版社纷纷进军其他专业领域的时候，我社则致力于在建筑专业领域做大做强，围绕建设行业发展，发挥专、精、特、新的优势，做强主业。

# 2002

2002 年度发行工作会议在成都召开。

2002 年 5 月，我社出版了《追求繁荣与舒适——转型期间城市规划、建设与管理的若干策略》。

2002 年 10 月，我社出版了丹麦学者扬·盖尔的经典学术名著《交往与空间》（第四版），对我国的城市建设发展及城市设计学科的发展具有积极的借鉴和引导作用，荣获 2006 年度引进版科技类优秀图书奖。

《追求繁荣与舒适——转型期间城市规划、建设与管理的若干策略》

"国外城市设计丛书"

2002 年度发行工作会议在成都召开。图为社长刘慈慰（二排左八）及发行部有关同志与各代理站、连锁店代表合影

# 2003

2003 年，为促进教材成为我社发展的亮点，成立教材中心。

2003 年 1 月，我社翻译出版了《安藤忠雄论建筑》。该书是安藤忠雄的代表作，在我国建筑界产生了极大的影响，多次重印。

2003 年 1 月伊始，由深圳市规划与国土资源局主编的"深圳市中心区城市设计与建筑设计 1996-2004 系列丛书"陆续出版，共 12 册。本套丛书是对深圳中心区规划与设计历程的记录，全过程展示自 1996 年以来深圳中心区所有重要的城市设计和重要项目建筑设计成果，以及这一过程中设计理念的转变。

2003 年，我社出版了《神州瑰宝——中国的世界遗产》中文版，后陆续进行了项目更新，出版了英文版、俄文版和日文版。其中，英文版荣获第七届、第十届输出版优秀图书奖。2012 年 6 月，该书日文版由日本无限知识出版社从我社购买版权后翻译出版。

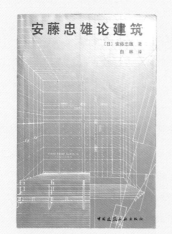

《安藤忠雄论建筑》

"深圳市中心区城市设计与建筑设计 1996-2004 系列丛书"

《神州瑰宝——中国的世界遗产》（中、英、俄、日文版）

2003 年 1 月，新闻出版总署副署长柳斌杰（一排左六）一行在建设部副部长傅雯娟（一排左五）、建设部党组成员兼办公厅主任齐骥（一排右三）等陪同下，来我社视察调研

2003 年 9 月，我社成立了中国建筑工业出版社专家顾问组，聘请专家为我社的出版工作出谋划策。

为领导向专家发放聘书

《城市规划资料集》

2003 年 11 月起，我国第一部城市规划学科的大型工具书——《城市规划资料集》陆续出版，全书共 11 册。

2003 年 12 月，由江泽民同志题写书名、汪光焘同志主编的《领导干部城乡规划建设知识读本》在我社出版。

《领导干部城乡规划建设知识读本》

2003 年 12 月，《中国古代门窗》（马未都著）荣获第六届国家图书奖。该书为大型画册，图文并茂，介绍了大量的古代门窗实例。2004 年荣获第二届全国优秀艺术图书奖一等奖，再版后荣获 2019 年度"中国最美的书"。

《中国古代门窗》

2003 年 11 月，我社《建筑师》杂志启用刊号首发新闻发布会在京举行

2003 年 12 月，我社被新闻出版总署批准列为 13 家大社名社之一，成为走内涵式
发展道路做大做强的试点。

2003 年起，"国外建筑理论译丛"和"国外城市规划与设计理论译丛"持续出版，
成为建筑规划界的经典，影响了几代建筑师和规划师。

"国外建筑理论译丛"

"国外城市规划与设计理论译丛"

# 2004

2004 年 4 月，开始出版"全国一级建造师执业资格考试大纲""全国二级建造师执业资格考试大纲"以及相应的一、二级建造师执业资格考试用书和考试辅导用书，为建造师执业资格制度的顺利实施及建筑行业人才培养发挥了巨大作用，同时建造师系列图书也取得了良好的经济效益，逐步成长为出版社的重要支柱。

2004 年 6 月，召开建社 50 周年纪念座谈会，并在中华世纪坛举办了"庆祝中国建筑工业出版社成立 50 周年暨中国建筑文化展"活动，建设部、新闻出版总署领导出席了会议和活动。同时还策划了国际建筑大师进校园活动，邀请阿摩斯·拉普卜特、扬·盖尔两位大师走进清华大学、深圳大学等高等院校演讲交流，受到广大师生的热烈欢迎。

在中华世纪坛举办了"庆祝中国建筑工业出版社成立 50 周年暨中国建筑文化展"

阿摩斯·拉普卜特、扬·盖尔两位大师走进清华大学、深圳大学等高等院校演讲交流

2004 年我社离退休老同志在建设部大楼前合影

建社 50 周年纪念座谈会

# 2005

2005年，社里组织专门力量开始编制我社"十一五"规划。并走访多家单位，广泛征求意见，历时半年多编制完成，提出了"十一五"期间出版总码洋年均增长10%，利润年均增长7%的发展目标和八项发展改革主要措施。

2005年，王瑞珠院士独自撰写的"世界建筑史"丛书最早出版的三卷——《世界建筑史·古埃及卷》《世界建筑史·古希腊卷》和《世界建筑史·古罗马卷》荣获"中联重科杯"华夏建设科学技术奖一等奖。

《世界建筑史·西亚古代卷》
（上、下册）丛书

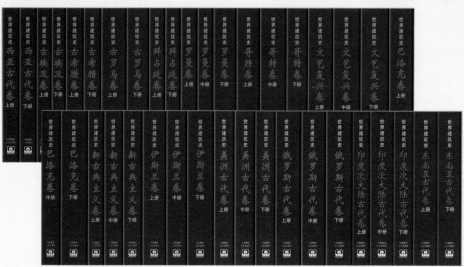

已出版的"世界建筑史"丛书

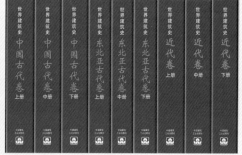

未出版的"世界建筑史"丛书

2005年10月，《建筑理论史——从维特鲁威到现在》出版，这是一部对欧洲与北美最为重要的建筑理论观念所作的具有先驱性的评论式综览，是经典的建筑理论史专著，中文版由清华大学王贵祥教授翻译，两院院士吴良镛教授撰写序言，荣获2005年度引进版科技类优秀图书奖。

《建筑理论史——从维特鲁威到现在》

# 2006

2006 年 7 月，国务院新闻办监制的《园林古韵》（李敏、吴伟主编，中英文版）出版，作为外宣重点和礼品图书，向全世界展示了中国古典园林与文化的独特魅力。本书在全面厘清中国古典园林诗境的历史脉络、营造要素、建筑形式、艺术特色等的同时，分皇家园林、私家园林、寺庙园林、遗迹风景名胜等具体展示颐和园、苏州古典园林等的园林特色与文化内涵。

《园林古韵》（中英文版）

2006 年 11 月，由我社和同济大学、香港理工大学联合主办的第一届结构工程新进展国际论坛在北京举行。论坛邀请了包括两位院士在内的十余位国内外著名学者担任报告人，建设部副部长仇保兴特为论坛作了书面发言。

我社和同济大学、香港理工大学联合主办的第一届结构工程新进展国际论坛在北京举行

# 2007

2007 年 1 月，《建筑理论》（上、下）出版，这是一部涵盖了西方古代、中世纪与现代哲学史与建筑理论史的概要性阐述的理论著作。本书荣获第一届中国建筑图书奖、2007 年度引进版科技类优秀图书奖。

2007 年 4 月，《大跨径桥梁钢桥面铺装设计理论与方法》入选新闻出版总署第一届"三个一百"原创图书出版工程。该书是国内第一部论述大跨径桥梁钢桥面铺装设计理论方法的图书。

2007 年起，我社陆续与俄罗斯建筑大学联合会出版社签署了《多层及高层钢筋混凝土结构设计释疑及工程实例》《经典建筑钢结构工程》《复杂高层建筑结构设计》《高层建筑标准层平面设计 100 例》《俄汉建筑工程词典》《欧洲经典建筑细部图集》等十余本建筑技术类图书版权输出协议。其中，《俄汉建筑工程词典》荣获第八届输出版优秀图书奖。

《建筑理论》（上、下）

《大跨径桥梁钢桥面铺装设计理论与方法》

《高层建筑标准层平面设计 100 例》

《经典建筑钢结构工程》

《复杂高层建筑结构设计》

《多层及高层钢筋混凝土结构设计释疑及工程实例》

《俄汉建筑工程词典》

《欧洲经典建筑细部图集》

2007年10月，数字出版中心正式成立，积极推进数字化基础工作，进行图书的数字化转换，启动图片数据库的建设。

2007年，出版《刘敦桢全集》。

2007年11月，我社获评首届中国出版政府奖先进出版单位，《中国古代园林史》（上、下卷）荣获中国出版政府奖图书奖。

《刘敦桢全集》

我社荣获首届中国出版政府奖先进出版单位和图书奖

《中国古代园林史》（上、下卷）

2007年，我社与中国建设教育协会联合召开"第二届全国建筑类多媒体课件大赛"评审会议。

2007年第二届全国建筑类多媒体课件大赛评委合影

发展历程

# 2008

2008 年汶川特大地震灾害发生后，我社第一时间作出决定，以出版社名义向地震灾区捐献 100 万元人民币，并迅速部署抗震救灾相关出版工作，采取一系列措施，出版了《图说地震灾害与减灾对策》《地震后重建家园指导手册》等一批针对性强的实用图书，通过各个系统、各个渠道千方百计送往灾区。其中《房屋抗震知识读本》荣获第二届中华优秀出版物奖抗震救灾特别奖。

2008 年 1 月，《建筑业农民工入场安全知识必读》出版，并于 2010 年荣获第一届中国科普作家协会优秀科普作品奖。

2008 年 2 月，我社陆续引进出版了"日本盾构隧道系列"，丛书由钱七虎、王梦恕、施仲衡等院士作序推荐，在全国建设地铁的大潮中成为地铁设计人员的重要参考书。

四川省建设厅感谢信

《房屋抗震知识读本》

《房屋抗震知识读本》荣获第二届中华优秀出版物奖抗震救灾特别奖

"日本盾构隧道系列"

2008 年 3 月，《中国城市规划理念　继承·发展·创新》出版。本书以传承中国传统文化、创新城市规划理念为主旨，阐述了在《城乡规划法》（第十届全国人民代表大会常务委员会第三十次会议于 2007 年 10 月 28 日通过，自 2008 年 1 月 1 日起施行）指导下的城市规划理念，对发挥城乡规划在引导城镇化健康发展、促进城乡经济社会可持续发展方面具有重要的作用。

2008 年 5 月，空间句法理论创始人比尔·希利尔的代表作《空间是机器——建筑组构理论》（原著第三版）出版，该书荣获 2008 年度引进版科技类优秀图书奖。

2008 年 12 月，我社策划了中日两国专家共同组稿（江苏交通科学研究院与日本建设安全中心）的《建筑施工安全与事故分析》。该书是一本漫画式书籍，被选为施工人员的培训教材，短期内印刷出版了数万册，为现场施工人员的安全保障作出了贡献。

2008 年，我社策划了多个文版的《奥运建筑总览》，荣获第八届输出版优秀图书奖。

2008 年，我社第一本电子书《建筑施工手册》（第四版）正式出版。同年，新闻出版总署批准我社取得网络出版权，为数字出版今后发展开辟了更大的空间。

《中国城市规划理念　继承·发展·创新》　　《空间是机器——建筑组构理论》　　《建筑施工安全与事故分析》
（原著第三版）

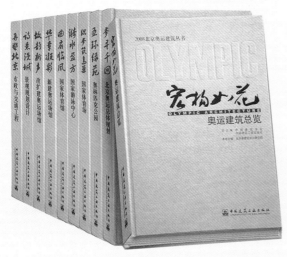

《奥运建筑总览》（中、英、法文版）

发展历程

"为北京奥运设计——北京 2008 年奥林匹克运动会形象景观设计系列丛书"（共 4 册）策划出版，分别为《云与气：北京 2008 年奥林匹克运动会核心图形及奥运形象景观系统设计》《形与意：北京 2008 年奥林匹克运动会体育图标／指示系统设计》《玉与礼：北京 2008 年奥林匹克运动会奖牌设计》《凤与火：北京 2008 年奥林匹克运动会火炬接力形象景观设计》。本套丛书由北京奥组委文化活动部部长作序，国际奥组委主席雅克·罗格致感谢词。

2008 年，"中国民居建筑丛书"开始陆续出版，为"十一五"国家重点图书出版规划项目。丛书由中国建筑学会民居建筑学术委员会主任委员陆元鼎担任总主编，各分卷主编为长期从事民居研究的国内专家。全套丛书精心编撰，集数十年民居研究成果，具有较高的学术性和知识性。

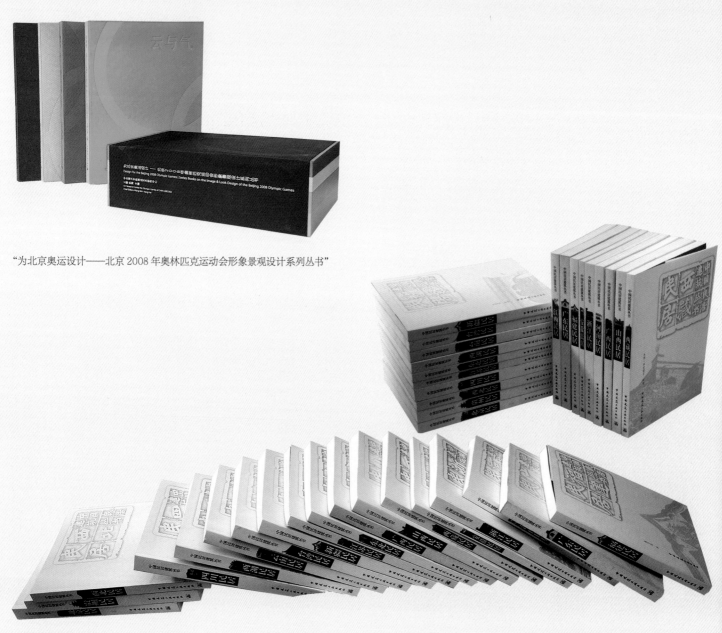

"为北京奥运设计——北京 2008 年奥林匹克运动会形象景观设计系列丛书"

"中国民居建筑丛书"

七秩芳华 中国建筑出版传媒有限公司 70 周年

2009 年 1 月，我社获得音像出版权。至此，我社形成了图书、期刊、电子、网络、音像五位一体的出版格局。

2009 年 5 月，《生态建筑学》出版，荣获 2011 年"三个一百"原创图书出版工程奖。

2009 年 8 月，新闻出版总署首次开展全国经营性图书出版单位等级评估。我社被评为科技类一级出版社，荣获"全国百佳图书出版单位"荣誉称号。

2009 年 8 月，《住房与住房政策》出版。本书由俞正声同志作序，作者冯俊在多年理论思考和实践探索的基础上，从经济、社会多个维度深入地研究住房与住房政策问题。本书共分 14 章，包括住房问题的产生、住房的社会和经济功能、住房政策的影响因素、住房价格与消费能力、住房金融、住房建设的土地供应、住房租赁市场、低收入家庭住房、住房合作社、公共住房、住房财产权关系、住房的维护等内容。

2009 年 9 月，我社出版的"2008 北京奥运建筑丛书"（共 5 卷）荣获向中华人民共和国成立 60 周年献礼优秀科技图书。《新中国城乡建设 60 年巡礼》入选庆祝新中国成立 60 周年百种重点图书书目。

《住房与住房政策》（第一、二版）

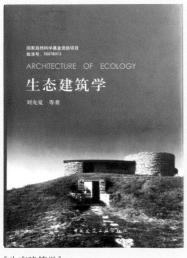

《生态建筑学》

《新中国城乡建设 60 年巡礼》

2009年11月，由我社出版、楼庆西编写的《中国历史建筑案例》，被日本 TOTO 出版社翻译出版，该书荣获中国出版工作者协会"输出版优秀图书奖"。

2009年11月，我社举行了建社55周年庆祝大会，并向131位优秀作者颁奖。

《中国历史建筑案例》（日文版）

我社举行建社55周年庆祝大会

2009-2011 年，我社陆续出版了勒·柯布西耶的一系列理论著作。其中，"勒·柯布西耶新精神"丛书（共 6 卷）是勒·柯布西耶的城市规划经典名著，奠定了柯布西耶学说的理论基础，荣获 2009 年度引进版科技类优秀图书奖；《光辉城市》于 2011 年出版，荣获 2012 年度引进版科技类优秀图书奖。

"勒·柯布西耶新精神丛书"

《勒·柯布西耶全集》

《光辉城市》

为进一步改善工作环境，适应新的发展需要，经申请，上级部门批准同意我社兴建新的办公楼。2007 年 10 月，新办公楼建设正式开工，2009 年底建成，2010 年正式启用。新办公楼的启用，为出版社的长远发展提供了良好环境和有利条件。

2009-2018 年，"西方建筑理论经典文库"（共 12 卷）陆续出版，"文库"包括西方建筑理论史上具有影响力的理论学者的重要著作。两院院士吴良镛先生为丛书作序。其中 8 卷荣获 2013 年度国家出版基金；《建筑论——阿尔伯蒂建筑十书》荣获第三届中国建筑图书奖；《菲拉雷特建筑学论集》《塞利奥建筑五书》《言入空谷：路斯 1897-1900 年文集》荣获 2015 年度引进版科技类优秀图书奖，《帕拉第奥建筑四书》荣获 2016 年度引进版科技类优秀图书奖。

出版社新办公楼

"西方建筑理论经典文库"

# 2010

2010年5月，启动了建筑设计领域最重要工具书——《建筑设计资料集》（第三版）的编写组织工作。《建筑设计资料集》（第三版）由建设部原副部长宋春华担任编委会主任，我社和中国建筑学会共同担任总主编单位，邀请了清华大学等建筑老八校和中国建筑设计院有限公司等六家设计集团以及两百余家单位、三千多名专家共同参与编写。新版资料集的编写目标是：不仅做成我国当代建筑行业的大型基础性工具书，还要做成我国当代建筑行业的"百科全书"。

2010年5月，我社荣获"2009年度全国'查处侵权盗版案件有功单位'二等奖"。此后连续多年获得该类奖项。

2010年，以"城市，让生活更美好"为主题的上海世博会，着力关注建筑与城市，多个新建或改建场馆项目亦成为全世界瞩目的焦点。《2010上海世博会建筑》从建筑学角度全面介绍了世博会的成就，对各个场馆进行了详细的介绍，包括中国馆、世博轴、主题馆、英国馆、西班牙馆、德国馆、波兰馆、阿联酋馆、加拿大馆和上海企业联合馆、万科馆以及最佳实践区等重点场馆。《2010上海世博会建筑》同时分别被翻译成英文、俄文、法文和德文出版，荣获第十届输出版优秀图书奖。

《2010年上海世博会建筑》
（中文版）

《2010年上海世博会建筑》
（英文版）

《2010年上海世博会建筑》
（俄文版）

《2010年上海世博会建筑》
（法文版）

《2010年上海世博会建筑》
（德文版）

2010年10月，按照《新闻出版总署关于进一步推进新闻出版体制改革的指导意见》要求，我社按时、稳妥、顺利完成了转企工作，由经营性事业单位转为全民所有制企业，名称保持不变。

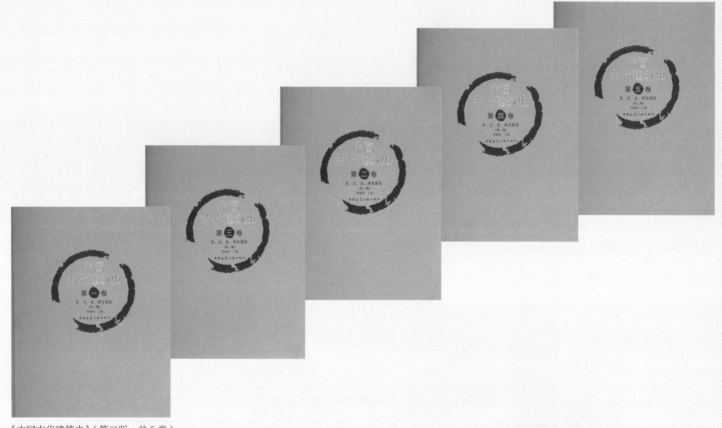

《中国古代建筑史》（第二版，共5卷）

2010年底，我社获评第二届中国出版政府奖先进出版单位，《中国古代建筑史》（第二版，共5卷）获中国出版政府奖图书奖。

2010年我社获评第二届中国出版政府奖先进出版单位和图书奖

2010 年，在"中国古建筑大系"丛书的基础上，经重新设计，出版了"中国古建筑之美"丛书，截至 2024 年，本套丛书部分卷册已输出英文版、俄文版、西班牙文版、哈萨克文版、乌尔都文版、蒙文版、吉尔吉斯文版 7 个文版，分别荣获第十二届、第十四届、第十八届、第二十一届、第二十二届和第二十三届输出版优秀图书奖，并入选 2024 年第五届"一带一路"出版合作版权输出典型案例。

"中国古建筑之美"丛书（英文版）

"中国古建筑之美"丛书（俄文版）

"中国古建筑之美"丛书（西班牙文版）

"中国古建筑之美"丛书（哈萨克文版）

"中国古建筑之美"丛书
（乌尔都文版）

"中国古建筑之美"丛书
（蒙文版）

"中国古建筑之美"丛书
（吉尔吉斯文版）

# 2011

2011 年 1 月，孙大章先生撰写的《中国民居之美》出版。本书资料全、类型全，充分展示了我国民居的多样性。2013 年我社出版了英文版，随后，在"中国图书对外推广计划"的资助下，分别被翻译成阿拉伯文和希伯来文出版。

 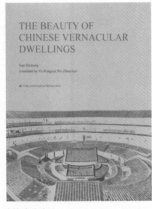  

《中国民居之美》（中、英、阿拉伯、希伯来文版）

2011 年 4 月，侯幼彬先生撰写的《中国建筑之道》出版。该书 2013 年入选第四届"三个一百"原创图书出版工程。

2011 年 4 月，"新能源与建筑一体化技术丛书"入选"十二五"国家重点图书出版规划项目。该丛书为我国较早系统讲述新能源与建筑一体化应用的技术类图书，系统梳理了太阳能热利用技术、光伏技术、太阳能空调技术、热泵技术、蓄冷技术在建筑中的应用原理以及工程案例。

《中国建筑之道》

"新能源与建筑一体化技术丛书"

2011 年 8 月，我社发展战略研讨会提出"三改六加强"措施，即深化选题制度改革、考核分配制度改革和机构改革，加强选题策划、质量管理、营销和渠道建设、数字出版、队伍建设和企业文化建设。

2011 年 12 月，"国家重大建筑工程结构设计丛书"等一系列重点图书出版，该套丛书获批为国家"十一五"重点图书出版规划项目，以"结构设计"为主题，对近几年的国家重大建筑工程进行介绍，如国家体育场（鸟巢）、国家游泳中心（水立方）等。其中，《国家游泳中心水立方结构设计》入选新闻出版总署第三届"三个一百"原创出版工程。

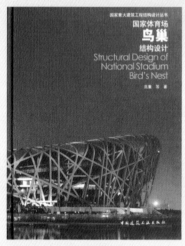

《国家体育场鸟巢结构设计》

《国家游泳中心水立方结构设计》

"中国古建筑丛书"编委会第一次会议

党的十八大以来，中国特色社会主义迈入了新时代，这是在新的历史条件下继续夺取中国特色社会主义伟大胜利、全面建设社会主义现代化强国、逐步实现全体人民共同富裕、奋力实现中华民族伟大复兴中国梦、不断为人类作出更大贡献的新时代。

在以习近平同志为核心的党中央坚强领导下，住房和城乡建设系统以习近平新时代中国特色社会主义思想为指导，改革创新，担当作为，全力推动住房和城乡建设事业发展取得历史性成就。

建工社深入学习贯彻习近平新时代中国特色社会主义思想，在住房和城乡建设部党组的坚强领导下，大力推进体制机制创新，持续提升出版核心竞争力，在出版高质量发展的赛道上抢占先机。建工人始终牢记出版人的责任与使命，坚持以服务国家发展战略、服务住房和城乡建设部中心工作、服务建设行业发展为己任，把社会效益放在首位，紧密围绕住房城乡建设事业发展需要做好出版主业，大力拓展相关领域业务，认真贯彻落实"文化强国"战略，积极推动"走出去"有关工作，努力建设国内一流、国际知名的建筑专业出版强社。

2012年2月，住房城乡建设部人事司审批同意我社强化编印发一线部门机构改革方案，内设机构由原来的18个变为22个。强化编、印、发一线部门，将现有各图书中心交叉的专业板块进行调整，通过设置相应机构拓展相关专业板块，加强弱势专业的发展，设立市场营销部门，以更好地适应市场竞争和专业化发展。与机构改革配套，2012年同时进行了干部聘任制度改革和干部选拔任用工作。3-5月，分批进行了中层干部竞聘上岗，2个副总编辑、9个部门正职和18个部门副职，共计29个岗位实行了竞聘。

2012年3月，时任社长沈元勤同志荣获我国出版界个人最高奖项

2012年3月，时任社长沈元勤同志荣获我国出版界个人最高奖项——第十一届韬奋出版奖。

2012年4月，《地下建筑学》等四种图书入选第三届、第四届"三个一百"原创出版工程。

2012年5月，由齐骥、刘志峰担任总顾问的"住房政策法规文库"出版。这是一套针对美国、英国、日本、德国、荷兰等国家和我国香港地区住房政策的大型译著丛书，为政府政策制定及相关立法、修法工作提供了有益的参考，本套丛书荣获2012年引进版科技类优秀图书奖。

2012年6月，《世界建筑史》由日本无限知识出版社翻译出版。《世界建筑史》日文版荣获该年度中国出版工作者协会"输出版优秀图书奖"。

《地下建筑学》

"住房政策法规文库"

《世界建筑史》（日文版）

2012 年 8 月，"当代建筑师系列"开始陆续出版。丛书由我社策划和组织，是我国第一部成系列介绍当代中国优秀建筑师设计作品和建筑思想的丛书。丛书包括《崔愷》《孟建民》《李兴钢》《齐欣》《胡越》《周恺》《崔彤》《朱小地》《张雷》《王昀》《梁井宇》《都市实践》《大舍》。

"当代建筑师系列"丛书

2012 年 8 月，《可持续城市水环境系统规划方法与应用》获年度国家科学技术学术著作出版基金资助项目。该书在对以传统污水处理系统、污水回用系统、污水源分离系统为代表的三种典型系统模式进行潜力判断分析的基础上，突破传统规划流程，构建了多层次、多目标、多方案计算的可持续性城市水环境系统规划方法。

《可持续城市水环境系统规划方法与应用》

2012 年 8 月，我社和德国施普林格科学与商业媒体集团联合承办"中国图书对外推广计划"外国专家座谈会，中外出版界专家 200 多人参会。我社 2007 年 3 月加入由国务院新闻办公室和新闻出版总署共同发起成立的"中国图书对外推广计划"工作小组。在工作小组的大力支持下，图书"走出去"取得显著成效。

2012 年 8 月，我社和德国施普林格科学与商业媒体集团联合承办"中国图书对外推广计划"外国专家座谈会

2012年9月，我社《建筑师》杂志举办第一届"天作奖国际大学生建筑设计竞赛"，至今已成功举办10届，成为国内广受业界认可的校园赛事。该赛事源于我社20世纪80年代初举办的"大学生建筑设计方案竞赛"——作为我国最早开展的大学生建筑设计竞赛，因开建筑界风气之先，得到在校师生的热烈响应。当年的获奖者，如今多已成为建筑界的翘楚，如崔愷、王建国、孟建民、庄惟敏、周恺、倪阳、伍江、汤桦等。

第一届"天作奖国际大学生建筑设计竞赛"颁奖典礼

专家为"天作奖国际大学生建筑设计竞赛"评图

2012年8月，我社召开新华书店系统发行工作会议

## 2013

2013 年 7 月，由康海飞老师编写的《室内设计资料图集》经日本无限知识出版社翻译出版后，受到日本室内设计界的欢迎，累计印刷出版 2 万册，荣获第十三届输出版优秀图书奖。后又输出版韩文版。

《室内设计资料图集》（日文版，旧版与新版）　　　　　　　　　　《室内设计资料图集》（韩文版）

2013 年 8 月，我社被国家新闻出版广电总局评为首批数字出版转型示范单位。

2013 年 11 月，《国外住房发展报告》系列图书开始出版。该系列图书通过系统地介绍国外住房建设发展状况，积累储备了国外住房建设发展的详细数据，为住房领域的研究提供参考。

2013 年 12 月 8 日，我社和中国建筑学会、宁波市人民政府联合主办的，以"建筑与新型城镇化"为主题的首届国际建筑师论坛在宁波博物馆开幕。出席开幕式的嘉宾有住房和城乡建设部原副部长郭允冲、中国科学院院士彭一刚等。

《国外住房发展报告》

"首届国际建筑师论坛"开幕式

2013 年 12 月，东南大学建筑学院陈薇教授撰写的《走在运河线上——大运河沿线历史城市与建筑研究》正式出版，该书是"十一五"国家重点图书出版规划项目、2013 年国家出版基金资助项目，2015 年荣获第五届中华优秀出版物奖图书提名奖。

2013 年 12 月，我社荣获第三届中国出版政府奖先进出版单位，"西藏建筑艺术丛书"（共 4 卷）荣获第三届中国出版政府奖图书奖。

《走在运河线上——大运河沿线历史城市与建筑研究》

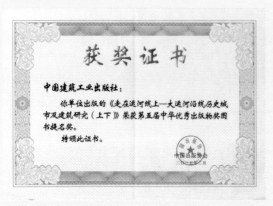

《走在运河线上——大运河沿线历史城市与建筑研究》获奖证书

"西藏建筑艺术丛书"荣获第三届中国出版政府奖图书奖

"西藏建筑艺术丛书"

我社获评第三届中国出版政府奖
先进出版单位和图书奖

2013 年 10 月 25-27 日，《建筑设计资料集》（第三版）总编委会第六次会议暨审稿工作会在湖南省衡阳市成功召开。本次会议是在新版资料集初稿全部完成以后召开的一次重要会议。宋春华、何镜堂、崔愷、孟建民、庄惟敏等全国 50 多家知名设计单位与建筑院校的 200 多名领导和专家进行了为期两天的集中封闭审稿。本次会议对新版资料集的稿件进行了全面的审查、总结和评估，并提出全面提升工作质量的工作计划，为高质量出版打下坚实的基础。

《建筑设计资料集》（第三版）总编委会第六次会议暨审稿工作会合影（前排左十一沈迪、左十四邵韦平、左十八宋春华、右三韩冬青、右四钱锋、右六倪阳、右七庄惟敏、右十一黄锡璆、右十四孟建民、右十五周畅、右十六崔愷、右十七何镜堂）

# 2014

2014年2月，中国工程院重大咨询项目《中国特色新型城镇化发展战略研究》（共5卷）出版，首发式在中国工程院隆重举行。该书于2015年荣获第五届中华优秀出版物奖图书奖。

《中国特色新型城镇化发展战略研究》

《中国特色新型城镇化发展战略研究》荣获第五届中华优秀出版物奖图书奖

出席《中国特色新型城镇化发展战略研究》首发式的领导与专家等人员合影（前排左二邬贺铨、左三朱高峰、左四王玉普、左五陈旭、左六吴良镛、右五徐匡迪、右四周济、右三邹德慈、右二傅志寰、右一干勇；后排中吴志强）

2014 年 10 月，我社重新组织与台湾锦绣出版社共同编撰的"中国精致建筑100"丛书的出版工作。本套书部分卷册陆续出版了英文版、俄文版和希伯来文版。其中，英文版荣获第十七届输出版优秀图书奖。

"中国精致建筑 100"丛书（俄文版）

七秩芳华 中国建筑出版传媒有限公司 70 周年

2014 年 11 月，《中国人居史》（吴良镛著）首发式暨人居历史与文化学术研讨会在我社举行。故宫博物院院长单霁翔、住房和城乡建设部原副部长仇保兴、中国工程院院士傅熹年等专家出席。该书是国家重点出版物出版规划项目，2017 年荣获第六届中华优秀出版物图书奖。

《中国人居史》

《中国人居史》荣获第六届中华优秀出版物图书奖

《中国人居史》首发式暨人居历史与文化学术研讨会

2014 年 11 月，我社首次建设的社史馆
开馆。地点位于出版社办公楼二层。

社史馆开幕式

2014 年 12 月，日本著名枯山水大师枡野俊明撰写的《日本造园心得》由我社翻
译出版，本书系统总结了日本造园的前生今世、赏鉴美学与庭园做法。出版至今
已重印 10 次，近 2 万册。

《日本造园心得》

114

2014.12.10

筑工业出版社六十周年合影

中 国 建

2014 年 12 月，我社举办建社 60 周年庆祝大会。近 400 名新老员工汇聚一堂，共同回顾 60 年发展历程和辉煌成就，展望美好未来。时任住房和城乡建设部副部长王宁出席活动并与大家合影留念

2014 年 12 月，我社陆续出版了"中国建筑的魅力"丛书，本套书部分卷册输出了英文版、俄文版、日文版、罗马尼亚文版、阿拉伯文版。其中，英文版荣获第十三届输出版优秀图书奖，俄文版荣获第二十届输出版优秀图书奖。

"中国建筑的魅力"丛书分册（英文版）

"中国建筑的魅力"丛书分册（俄文版）

"中国建筑的魅力"丛书《21世纪中国新建筑记录》分册（罗马尼亚文版和阿拉伯文版）

## 2015

2015 年 1 月，按照住房和城乡建设部党组工作部署要求，中国建筑工业出版社与中国城市出版社融合发展，2016 年 10 月开始深度融合。"一套班子、一套机构、两块牌子"，两社资源得以统筹整合，形成优势互补、多元发展。

2015 年 3 月，北京质量协会印刷分会年度颁奖大会在北京昌平隆重举行。我社出版的《城市园林绿化工作手册》(上、中、下卷)荣获印刷产品质量大奖，这是我社出版物第一次获得此奖项。

2015 年 5 月，国家新闻出版广电总局确定我社为"专业数字内容资源知识服务模式试点单位"，全国共 28 家单位入选。

我社被列为"专业数字内容资源知识服务模式试点单位"

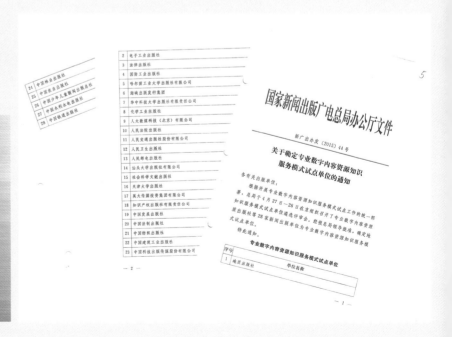

2015年12月，由上海陆家嘴（集团）有限公司、上海市规划和国土资源管理局历时两年共同编著完成的"上海陆家嘴金融贸易区规划和建设丛书"《梦缘陆家嘴》出版，这是一套全面记录陆家嘴金融贸易区25年规划建设历程的丛书，共5册，300万字，秉承"开发者写开发，建设者写建设"的宗旨，由数十位不同时期参与陆家嘴金融贸易区规划和开发建设的亲历者撰稿，使丛书具有很强的专业性、史料性和可读性。

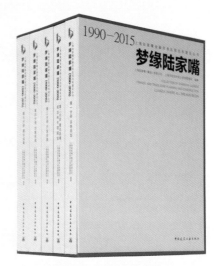

"上海陆家嘴金融贸易区规划和建设丛书"

2015年12月，我社召开代理连锁系统成立20周年暨2015年发行工作会议。来自全国各省区市的60余位代理连锁系统代表参加了会议。

2015年12月，国家新闻出版广电总局在312家出版单位报送的1072种图书中遴选出86种图书，作为"首届向全国推荐中华优秀传统文化普及图书"。《中国古代建筑历史图说》同费孝通、钱钟书、叶嘉莹、俞平伯等大家的著作一起，被列入推荐图书名单，也是名单中唯一入选的建筑类图书。

《中国古代建筑历史图说》

2015年12月，我社召开代理连锁系统成立20周年暨2015年发行工作会议

# 2016

2016年1月，我社购买了北京石景山区八大处路49号点石商务公园五号楼作为数字出版产业生产用房，房屋总面积5209.07平方米。

2016年5月，"中国古建筑丛书"（共35册）首发式暨研讨会在故宫博物院建福宫举行。住房和城乡建设部副部长倪虹、故宫博物院院长单霁翔、中国出版协会常务副会长邬书林、中国作家协会副主席吉狄马加、中国工程院院士傅熹年等出席了活动。该书被列为国家重点出版物出版规划项目，2018年荣获第四届中国出版政府奖图书奖提名奖。

北京石景山区八大处路49号点石商务公园五号楼

"中国古建筑丛书"

"中国古建筑丛书"荣获第四届中国出版政府奖图书奖提名奖

"中国古建筑丛书"首发式暨研讨会合影（前排左五倪虹、右五单霁翔、左四邬书林、右四吉狄马加、右三傅熹年）

2016年9月，《农村建筑工匠知识读本（第二版）》出版，于2017年10月入选国家新闻出版署《2023年农家书屋重点出版物推荐目录》，该书主要介绍了农村建筑工匠需要了解和掌握的与房屋建造有关的基本知识，力求贴近农村建筑工程实际，切实满足农村建筑工匠的学习需要。

《农村建筑工程知识读本》（第二版）

2016年12月，"城市轨道交通建设系列指南"丛书（共17本）陆续出版，涉及城市轨道交通工程28个专业，包括施工现场标准化、地下车站混凝土防水设计与施工、有轨电车、机电安装、检测、监理、创建精品工程等，内容全面，指导性强。

"城市轨道交通建设系列指南"丛书

2016年12月，国家新闻出版广电总局批准我社成立"出版融合发展重点实验室"与"新闻出版业科技与标准重点实验室"两个国家级重点实验室。2017年11月举行揭牌仪式，并为实验室特聘专家颁发聘书。

2016年12月，"十二五"国家重点图书出版规划项目、国家出版基金资助项目"城市防灾规划丛书"出版。丛书共6个分册，系统阐述了城市综合防灾规划，地震、洪涝、地质灾害、火灾等各主要灾害规划以及灾后恢复与重建的知识，总结了国内外灾害防治经验与规划方法，并提供了多层次而详实的防灾规划案例。丛书的出版填补了国内城市防灾规划领域图书出版的空白，具有重要的现实意义。

"城市防灾规划丛书"

"出版融合发展重点实验室"与"新闻出版业科技与标准重点实验室"两个国家级重点实验室揭牌仪式

## 2017

2017年2月，由世界著名建筑师桢文彦（日本）、平面设计师杉浦康平（日本）、出版家李起雄（韩国）发起，我社策划的"书·筑"系列正式出版。"书·筑"系列共12册，跨界建筑与书籍，每本书由一位建筑师与一位平面设计师合作。作者有柳亦春、吕敬人、妹岛和世、原研哉、李娜美、承孝相等24位世界知名设计师。出书后，系列图书在国内外做了数次巡展，荣获"金铅笔""班尼（国际印刷奖）""中国最美图书"等国内外奖项。本套书还入选了中国出版协会的"一带一路"出版合作典型案例（国际策划与组稿）。

"书·筑"系列装帧效果

"书·筑"系列获奖证书

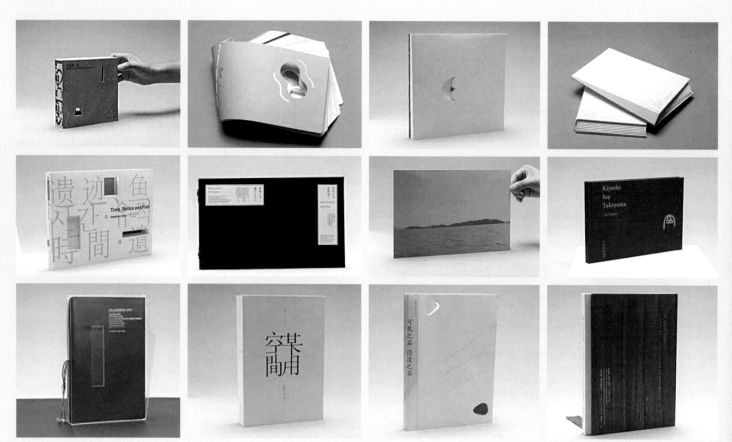

"书·筑"系列图书

2017年3月，对高等教育教材中心和职业教育教材中心进行调整合并，成立我社教育教材分社。

2017年4月，由何继善院士领衔，杨善林、丁烈云、任宏等多位国内知名工程管理专家共同撰写的《工程管理论》出版。该书是中国工程院重点项目研究成果、"十三五"国家重点图书出版规划项目，是国内第一本完整地、系统地对我国工程管理的理论与实践进行总结的论著。该书获批2021年度丝路书香工程项目，英文版由施普林格出版社出版。

《工程管理论》

2017年4月，我社在徐州工程学院建设的校园书店开业，该店先后荣获"2018中国书店年度致敬活动—年度大学书店""2019-2020年度江苏最美书店"等称号，分别被央视新闻、《人民日报》等媒体关注报道。

2017年11月，"中国建筑千米级摩天大楼建造技术研究系列丛书"陆续出版。该丛书较为全面地解答了超高层建筑、千米级摩天大楼在建造过程中遇到的设计关键问题，被列入"十三五"国家重点出版规划项目。

"中国建筑千米级摩天大楼建造技术研究系列丛书"

2017年在徐州工程学院建设的校园书店

2017年11月，为推进数字融合出版进程，我社成立全资子公司建知（北京）数字传媒有限公司（数字出版中心）。

2017年11月，在时任住房和城乡建设部副部长倪虹的倡议和指导下，我社成立建设发展智库（发展研究院）。

2017年11月，在时任住房和城乡建设部副部长倪虹的倡议和指导下，我社成立建设发展智库（发展研究院）

2017年12月，我社召开《建筑设计资料集》（第三版）首发式，会议特邀住房和城乡建设部原副部长宋春华，中国工程院院士崔愷、王建国、庄惟敏、梅洪元等100多名建筑行业专家学者出席。

《建筑设计资料集》（第三版）

（前排左七周文连、左八徐全胜、左九梅洪元、左十丁建、左十二李如生、左十三王建国、右三赵万民、右四刘克成、右五孙一民、右六吴长福、右七黄锡璆、右九毛志兵、右十周畅、右十一李一昕、右十二崔愷、右十三宋春华；四排右四张颀、右七庄惟敏）

2018 年 1 月，我社获评第四届中国出版政府奖先进出版单位，《中国近代建筑史》（共 5 卷）荣获第四届中国出版政府奖图书奖（该书 2019 年 12 月荣获第七届中华优秀出版物奖图书奖）。

《中国近代建筑史》　　　　　　　　　　　　　《中国近代建筑史》荣获第四届中国出版政府奖图书奖

2018 年我社获评第四届中国出版政府奖先进出版单位和图书奖

2018 年 2 月，我社张悟静设计的《园冶注释》（第二版重排本）从 33 个国家和地区的 600 多部作品中脱颖而出，获得 2018 年"世界最美的书"银奖。这是我社首次获得"世界最美的书"奖项，也是本书在获评 2017 年度"中国最美的书"称号后再度获奖。

2018 年 3 月，我社设立创新发展基金，支持重点课题研究，服务国家发展战略，服务行业发展，服务住房和城乡建设部中心工作。

我社张悟静设计的《园冶注释》（第二版重排本）获 2018 年"世界最美的书"银奖

2018 年 3 月，"城市地下综合管廊建设与管理丛书"陆续出版。该丛书共 5 个分册，从城市地下综合管廊的规划设计、施工技术、运营维护管理等方面全面深入地介绍了综合管廊的建设全过程，被列入"十三五"国家重点出版物出版规划项目。

"城市地下综合管廊建设与管理丛书"

2018 年 4 月，由国内养老建筑设计专家、清华大学周燕珉教授主编的《养老设施建筑设计详解》（共 4 册）陆续出版，其中第 3 卷（上、下册）获得国家科学技术学术著作出版基金资助。

《养老设施建筑设计详解》（共 4 册）

2018 年 5 月，我社向施普林格·自然集团陆续输出了《地下结构设计》《盾构掘进对邻近建筑物影响及控制技术》《管道更新技术规程》《工程管理论》等图书英文版。

2018 年 11 月，国家出版基金资助项目《规矩方圆 天地之和——中国古代都城、建筑群与单体建筑之构图比例研究》（上、下册）出版。该书通过对 6 座都城、118 处建筑群和 276 座单体建筑（共计 400 个实例）的大量实测图进行几何作图、数据分析，来对中国古代都城、建筑群与单体建筑构图比例进行研究，以此探索古代规划设计的原则、方法、规律。

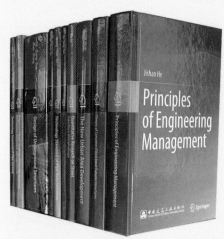

我社向施普林格·自然集团输出的英文版图书

《规矩方圆 天地之和——中国古代都城、建筑群与单体建筑之构图比例研究》（上、下册）

七秩芳华 中国建筑出版传媒有限公司 70 周年

# 2019

2019年1月,"十三五"国家重点图书出版规划项目"生态智慧与生态实践丛书"陆续出版。该丛书通过生态智慧引导下的生态实践创新范式,探索生态文明建设的可持续发展路径,服务新时期生态保护与建设实践。《景观与区域生态规划方法》入选2019年出版百种科技新书。

2019年3月,《中国城市群的类型和布局》出版。该书荣获第五届中国出版政府奖图书奖提名奖,是"十三五"国家重点出版物出版规划项目,2019年入选庆祝中华人民共和国成立七十周年百种科技新书。该书的出版有力地指导了我国城市群建设实践,有助于城市群在引领我国经济社会高质量发展和服务国家战略大局中更好地发挥基础与核心作用。

2019年4月,国家出版基金资助项目"中国传统村落保护与发展系列丛书"(共10册)出版,丛书以国家"十二五"科技支撑计划"传统村落保护规划与技术传承关键技术研究"项目为基础,从我国不同地域传统村落入手,详细介绍了典型地区传统村落保护和发展技术集成与应用示范。

《中国城市群的类型和布局》

"中国传统村落保护与发展系列丛书"

2019年4月,《钢结构设计手册》(第四版)新书发布会暨钢结构理论与实践论坛在重庆举行,中国工程院院士周绪红等出席会议。

《钢结构设计手册》(第四版)新书发布会

2019年7月，根据《中共中央办公厅国务院办公厅关于深化中央各部门各单位出版社体制改革的意见》（中办发〔2009〕16号）要求，经中宣部、财政部、住房和城乡建设部等部门批准及北京市工商行政管理局核准，中国建筑工业出版社顺利完成改制，改制为国有独资公司，更名为中国建筑出版传媒有限公司。中国城市出版社于2019年4月改制为国有独资公司，更名为中国城市出版社有限公司。设立执行董事、监事。

营业执照

2019年9月，我公司获评为"二〇一九年至二〇二三年国家知识服务平台建筑分平台"。

我公司获评为"二〇一九年至二〇二三年国家知识服务平台建筑分平台"

2019年10月，由我公司和新闻出版广电报主办、徐州工程学院承办的"书香中国万里行：高校校园书店建设系列活动"在徐州工程学院举行，中宣部、教育部、徐州市政府的相关领导和来自教育界、出版发行界、新闻界200余名代表参加了活动。

2019年11月起，由全国市长研修学院组织编写的住房和城乡建设部重点图书"致力于绿色发展的城乡建设"丛书陆续出版，至今已出版12册。

"致力于绿色发展的城乡建设"丛书

2019年11月，《八大重点城市规划——新中国成立初期城市规划历史研究》（第二版）荣获第九届钱学森城市学金奖提名奖。

2019年12月，由中国建筑学会主编，秦佑国、李建成、王召东、祁斌撰写的"建筑科普丛书"（共6册）入选2019年全国优秀科普作品。

我公司和新闻出版广电报主办、徐州工程学院承办的"书香中国万里行：高校校园书店建设系列活动"在徐州工程学院举行

"建筑科普丛书"

# 2020

2020年1月，我国著名收藏家马未都先生的著作《中国古代门窗》（第二版）出版，并被评为中国"最美的书"。

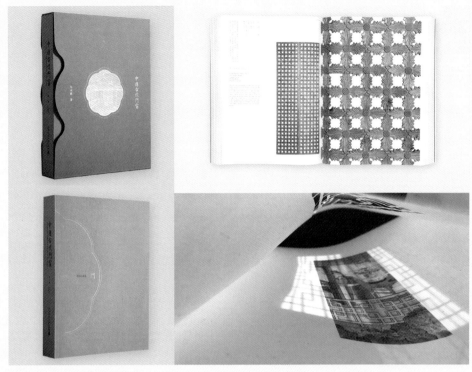

《中国古代门窗》（第二版）

2020年2月11日，为助力疫情防控工作，保障抗疫期间"停课不停学"，公司发布《中国建筑出版传媒有限公司关于抗疫期间免费提供电子教材的公告》，免费向400多所相关院校师生开放电子教材，106万人次登录学习，为院校开展线上学习提供支持和帮助。同时，紧急出版《新型冠状病毒肺炎传染病应急医疗设施设计标准》等图书，送至各地抗疫一线，并授权中国图书进出口总公司在海内外免费推广。

为抗疫工作出版的相关专业书籍

2020年2月27日，印发《中国建筑出版传媒有限公司（中国城市出版社有限公司）新冠肺炎疫情防控应急处置工作预案》，公司上下始终认真贯彻落实习近平总书记关于加强新冠肺炎疫情防控工作一系列重要指示精神和党中央、国务院决策部署，始终将全体干部职工的生命安全和身体健康放在首位，加强统筹协调，推动复工复产，努力将疫情对生产经营的影响降到最低。

2020年3月2日，公司积极开展"支持新冠肺炎疫情防控工作"捐款活动，全体干部职工包括公司离退休干部、建工印刷厂干部职工共578人捐款42320元。

2021 年 4 月，由丝绸之路申遗文本主笔人、中国建筑设计研究院建筑历史研究所名誉所长陈同滨主编的"丝路遗迹"丛书（共 7 卷）出版。该丛书为"十三五"国家重点图书主题出版规划项目。

2020 年 4 月，"BIM 技术及应用丛书"陆续出版，共 8 个分册，主要介绍了国内 BIM 应用领域的主要研究与实践成果。

2020 年 6 月，我公司召开"防疫常态化背景下的生产经营策略研讨会"，专题研究讨论疫情防控常态化对公司生产经营工作的影响及下一步的应对思路与应对策略，明确指出疫情防控与生产经营工作要同抓共管，相互促进，确保疫情防控和生产经营工作安全、平稳、有序开展。

2020 年 6 月，《合校本〈营造法式〉》正式出版，傅熹年院士自 20 世纪 60 年代就开始从事《营造法式》的校注工作。该书是国家古籍整理出版专项经费资助项目。

2020 年 9 月，我公司引进出版了《结构抗震分析》，旨在地震之前作好预防，避免、减少灾害的损失。该书是日本抗震专业的经典教材，已修订 5 次，畅销 20 年。该书中文版受到了读者的欢迎，多次重印。

"丝路遗迹"丛书

"BIM 技术应用丛书"

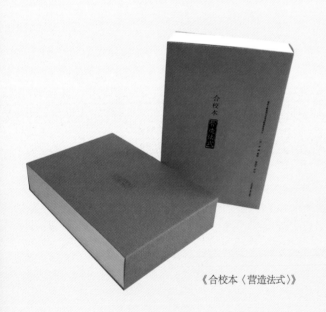

《合校本〈营造法式〉》

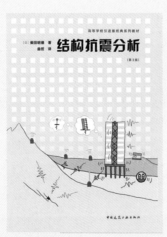

《结构抗震分析》

2020年10月，我公司教学服务中心成立会议在郑州召开，18家教学服务中心负责人参加了此次会议。

2020年10月，"国家公园与自然保护地研究书系"出版。该丛书入选"十三五"国家重点图书出版规划项目，旨在构建中国"以国家公园为主体的自然保护地体系"建设的理论与实践体系。丛书具有理论与实践相结合、宏观与微观相呼应、人文与理工相交融、国内与国际相借鉴的特点，对建设美丽中国、深化生态文明体制改革具有重要意义。

2020年11月，《GIS技术应用教程》等多种教材入选"国家级一流本科课程（含国家精品在线课程）"教材。

2020年11月，国家重点出版物出版规划项目"中国工程院院士传记系列丛书"之《张锦秋传：路上的风景》在北京首发。中国工程院院士张锦秋、肖绪文等出席了发布会。

"国家公园与自然保护地研究书系"

《张锦秋传：路上的风景》首发式

2021 年是"十四五"的开局之年，面对百年变局和世纪疫情，公司坚持以习近平新时代中国特色社会主义思想为指导，在部党组的坚强领导下，落实常态化疫情防控措施，取得了疫情防控和生产经营企稳回升的双胜利，实现了"十四五"良好开局。

2021 年 1 月，"世界建筑旅行地图"丛书荣获第二届全国新闻出版行业平面设计大赛职工组书籍设计类优秀奖，第一届中国最美旅游图书设计大赛银奖。

"世界建筑旅行地图"丛书　　　　　　　　　　　　　　　"世界建筑旅行地图"丛书获奖证书

2021 年 2 月，《硅酸盐辞典》（第二版）出版。该书 2011 年启动第二版修订工作，编纂工作历时 10 年。该书收录传统和新型无机非金属材料相关词条 10048 条，词目按专业分类编排，共计 22 个专业，主要涵盖物理化学基础、测试技术、热工基础、矿物材料、水泥及其他胶凝材料、混凝土与制品、陶瓷等，是目前无机非金属材料学科唯一的辞书，并被列入"国家重点出版物规划项目：2013-2025 年国家辞书编纂出版规划项目"和"国家出版基金项目"。

2021 年 3 月，"西安明城志——中国历史城市文化基因系列丛书"（共四辑）出版，并被列入国家出版基金资助项目。该丛书旨在探究西安城市文化基因的生成本底与演进机制、挖掘文化基因的精神内核和构成体系、辨识文化基因的形态谱系和空间特质，助力西安城市文化的持续发展。

"西安明城志——中国历史城市文化基因系列丛书"

2021年4月，"十四五"国家重点出版物、国家科学技术学术著作出版基金项目《500m口径球面射电望远镜FAST主动反射面主体支承结构设计》出版。500m口径球面射电望远镜（FAST）是国家重大科技基础设施项目，为世界最大单口径、最灵敏的射电望远镜。该书系统介绍了FAST反射面主体支承结构设计的关键技术。

2021年4月，我国著名建筑史学家郭湖生先生诞辰90周年之际，其遗著同时也是国家出版基金项目《中华古都》正式出版。

2021年4月，《中国现代建筑史》（上、下）顺利出版。

2021年5月，国家重点出版物出版规划项目"新时代高质量发展绿色城乡建设技术丛书"首本《绿色建筑设计导则》出版，并在中国建筑设计研究院举办了盛大的首发式。此后丛书又陆续出版了生态、市政、规划专业的技术指引，为建设行业多个专业提供了详细、可操作的指导，有助于促进我国新时代高质量发展与"双碳"目标的实现。

2021年5月，国家出版基金项目"中国城市近现代工业遗产保护体系研究系列"（共5卷）正式出版。这套丛书是在中国整体的工业遗产保护和再利用迫切需求的大环境下诞生的一套系统研究中国工业遗产的书籍，并分别于2023年、2024年荣获省部级奖项2项。

2021年6月，"新型智慧城市研究与实践——BIM/CIM系列丛书"出版，该丛书获批为"十三五"国家重点图书出版规划项目、国家出版基金项目，于2023年荣获第八届中华优秀出版物图书提名奖。

《500m口径球面射电望远镜FAST主动反射面主体支承结构设计》

《中华古都》

《中国现代建筑史》（上、下）

"中国城市近现代工业遗产保护体系研究系列"丛书

"新型智慧城市研究与实践——BIM/CIM系列丛书"

2021年6月16日，中宣部主题出版重点出版物"中国科技之路"丛书在北京中国科学院学术会堂举行新书发布会。这是一套向中国共产党成立100周年献礼的科普巨著，由中国编辑学会组织策划，15家中央级出版社共同打造。我公司承担了《中国科技之路·建筑卷·中国建造》的编辑出版工作。该丛书于2023年荣获第八届中华优秀出版物奖图书奖。

2021年7月，由我公司出版、楼庆西先生编写的《中国建筑装饰艺术》由科学出版社东京株式会社翻译出版。出书后受到了日本业界人士的瞩目。该书获得了"经典中国国际出版工程"的支持。

《中国建筑装饰艺术》日文版

2021年7月，我公司出版的"数字建造"丛书（共12册）荣获第五届中国出版政府奖图书奖。该丛书于2020年8月在北京凤凰中心举办的智能建造赋能新基建高峰论坛上正式首发。

2021年7月，国家出版基金项目《中国城市建设可持续发展战略研究》（上、中、下卷）出版。该书由26位院士及300余位各领域专家共同撰写，为我国下一阶段的城市建设提供了重要的战略指引与思想借鉴。

《中国城市建设可持续发展战略研究》（上、中、下卷）

"数字建造"丛书（共12册）荣获第五届中国出版政府奖图书奖

2021 年 8 月，国家科学技术学术著作出版基金项目《中国传统民居建筑建造技术 石砌》《中国传统民居建筑建造技术 窑洞》出版，充分展现了我国传统民居建筑的建造技术与智慧，并提出了传统民居建筑建造技术在当代的应用和展望。

《中国传统民居建筑建造技术 石砌》

《中国传统民居建筑建造技术 窑洞》

2021 年 9 月，我公司有 429 种教材入选"住房城乡建设部土建类学科专业'十四五'规划教材"。

2021 年 10 月，《梁思成与林徽因：我的父亲母亲》(梁再冰口述、于葵执笔) 出版，并入选 2021 年"中国好书"。

2021 年 10 月，国家教材委员会发布了首届全国教材建设奖名单。我公司出版的《钢结构基本原理》(第三版)、《楼宇智能化系统与技能实训》(第三版) 2 种教材荣获首届全国教材建设奖一等奖，《建筑电气》(第二版) 等 13 种教材荣获首届全国教材建设奖二等奖。齐庆梅编辑获评"全国教材建设先进个人"。

"住房城乡建设部土建类学科专业'十四五'规划教材"

《钢结构基本原理》(第三版)

《楼宇智能化系统与技能实训》(第三版)

《建筑电气》(第二版)

2021 年 10 月，我国 20 世纪最杰出、最具影响力的第一代建筑师和建筑教育家之一 ——杨廷宝先生诞辰 120 周年之际，我公司出版《杨廷宝全集》（共 7 卷）。

2021 年 11 月，"城市社区更新理论与实践丛书"出版。丛书入选"十三五"国家重点出版物出版规划项目并获得国家出版基金资助。丛书选择了北京、上海、广州、重庆、成都、武汉、南京、西安和厦门 9 座具有代表性的城市，介绍这些城市"以人民为中心"的城市建设与社区治理的思想，以更好地推动我国城市更新工作。

2021 年 12 月，公司在前期开展大量调研工作基础上，组织力量攻坚克难，按照调整结构、稳中求进的总思路，系统总结过去五年公司改革发展取得的成效，深刻分析面临的形势与任务，广泛听取各方面的意见建议，发布《中国建筑出版传媒有限公司（中国城市出版社有限公司）"十四五"发展规划纲要》，明确提出"十四五"期间六大发展战略：品牌发展战略、融合发展战略、集团发展战略、资源整合战略、创新驱动战略、国际合作战略。

公司"十四五"规划为未来五年的发展锚定了方向：坚持以结构调整为主线推动公司高质量发展，协作推进从纸书向纸数融合转型，统筹推动从书库向智库转变。

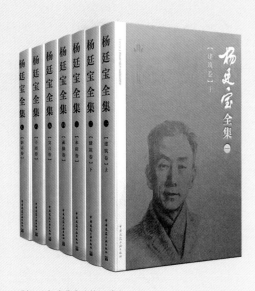

《杨廷宝全集》（共 7 卷）

"城市社区更新理论与实践丛书"

# 2022

2022 年初，公司召开年度工作部署会，明确结构调整要求和方向，重点扶持自主策划项目，加强一般图书销售，防范化解经营风险。

2022 年 1 月，《大跨度开合屋盖结构与工程应用》被列为"十四五"时期国家重点出版物出版专项规划项目。开合屋盖建筑作为建筑领域一种崭新的节能型建筑形式，具有很大的市场潜力。该书为国内第一本关于开合屋盖结构的著作，填补了技术空白，有助于提升该类结构的设计施工技术水平。

2022 年 3 月，我公司有 5 种教材入选人社部规划教材目录。

2022 年 3 月，我公司"富媒体出版资源管理与数据应用重点实验室"获评 2021 年度出版业优秀科技与标准重点实验室。

2022 年 3 月，"中国'站城融合发展'研究丛书"出版。丛书共计 4 个分册，依托于中国工程院重点咨询研究项目"中国'站城融合发展'战略研究"，由中国工程院程泰宁院士和中国国家铁路集团公司郑健总工程师领衔，形成了包括咨询报告、技术建议、学术论文等在内的一系列高水平成果，并于 2021 年入选国家出版基金资助项目。

2022 年初，公司召开年度工作部署会

我公司"富媒体出版资源管理与数据应用重点实验室"获评 2021 年度出版业优秀科技与标准重点实验室

《大跨度开合屋盖结构与工程应用》

"中国'站城融合发展'研究丛书"

2022年5月，我公司引进出版的"图解建筑知识问答系列"丛书以一问一答一知识点以及图解的形式，得到了年轻学子的喜爱，短短几年，该套书已多次重印，累计数万册。

2022年6月，我公司43种教材入选人社部规划教材目录。

2022年7月，中国工程院院士吴志强教授编写的《城市规划方法》出版。该书全面梳理了国内外近年大数据对于城市研究和规划方法支撑的最新探索成果，分析了城市规划方法伴随着整个学科120年走过的道路所发生的演进，总结了系统、前沿的城市规划方法论。该书入选"十三五"国家重点图书出版规划项目、国家出版基金项目。

"图解建筑知识问答系列"丛书

2022年9月，傅熹年院士编撰的《中国古代宫殿》出版。

2022年10月，由住房和城乡建设部编写组编写的《大美城乡 安居中国》一书出版发行，该书旨在深入学习贯彻习近平总书记关于住房和城乡建设工作的一系列原创性新理念、新思想、新战略，总结展示新时代住房和城乡建设事业变革性实践、突破性进展、标志性成果。

《城市规划方法》

《中国古代宫殿》

2022年12月，王贵祥和陈薇教授主编的"大美中国系列丛书"（共6册）完成出版。

2022年12月，国家重点出版物出版规划项目、国家出版基金项目"中国传统聚落保护研究丛书"陆续出版，并于2023年5月分别在广州和兰州召开丛书发布式暨传统聚落学术论坛。

"大美中国系列丛书"

"中国传统聚落保护研究丛书"

"中国传统聚落保护研究丛书"在兰州召开丛书发布式暨传统聚落学术论坛

# 2023

2023年1月，我公司入选国家新闻出版署2022年"出版业科技与标准创新示范项目"科技应用示范单位，是当时唯一一家科技应用与标准应用双示范单位。

2023年1月，由我公司出版、经吴肇钊等以"图释"方式再创作我国"造园第一书"《园冶》的《园冶图释》，由科学出版社东京株式会社翻译出版。该书获得了"中国图书对外推广计划"的支持。

2023年3月，"周福霖院士团队防震减灾科普系列"丛书荣获2023防震减灾科普作品大赛特别贡献奖，该丛书由周福霖院士牵头编写，生动形象地讲解了减隔震相关技术。

2023年3月，《英汉风景园林大词典》出版。该词典入选国家出版基金资助项目，共收录风景园林及与之相关的词条（含子词条）近9万条。词典集规范性、严谨性与可读性于一体，是我国迄今为止第一部综合性的风景园林专业的英汉词典工具书。

2023年3月，《建筑与艺术》获评为全国优秀科普作品。该书由中国科学院院士郑时龄编著，是国内第一部综合论述建筑与艺术的专著。

《园冶图释》（日文版）

"周福霖院士团队防震减灾科普系列"丛书

《英汉风景园林大词典》

《建筑与艺术》

2023年4月，《中国室内设计艺术 千年回眸》《数字长城》《天津历史风貌建筑修缮工艺》荣获第八届中华优秀出版物奖音像电子出版物提名奖。

2023年4月，由我公司和中国建筑学会共同发起策划的《室内空间设计资料集》总编委会第一次会议于我公司隆重召开。百余位来自室内设计行业的专家共同研讨了此套工具书的编写方法、编写计划、交稿要求和绘图标准等内容。

2023年5月，住房和城乡建设部党组决定，将《中国房地产金融》学术期刊交由中国城市出版社有限公司主办。

2023年5月，住房和城乡建设部举办"回顾光辉历程 传承住建精神"座谈会暨《口述住房和城乡建设部发展历程》捐赠仪式。《口述住房和城乡建设部发展历程》是住房和城乡建设部历史上的第一部口述史，对于记录部里的发展历程、重大变革、重要人物，讲好住建故事，传承住建精神，具有十分重要的历史价值和指导意义。

《中国室内设计艺术 千年回眸》

《数字长城》

《中国房地产金融》期刊

《口述住房和城乡建设部发展历程》

"回顾光辉历程 传承住建精神"座谈会合影（左四为住房和城乡建设部副部长姜万荣）

《室内空间设计资料集》总编委会第一次会议于我公司隆重召开

2023 年 6 月，我公司 75 种教材入选"十四五"职业教育国家规划教材。

2023 年 8 月，"高效建造指导手册"丛书出版。该丛书主要阐述体育场建筑、机场航站楼、超高层建筑、医疗建筑、会展建筑工程总承包模式下的高效建造技术。

"高效建造指导手册"丛书

2023 年 8 月，举办智库大讲堂——当代中国建筑创作沙龙暨《当代中国建筑实录》（第 1 辑）首发活动。本书由我公司自主策划，以两年为一辑，汇集了国内院士、大师、中青年建筑师的优秀建筑设计作品，旨在呈现我国当代建筑创作百花齐放的盛景，记录当代中国建筑创作历程。

智库大讲堂——当代中国建筑创作沙龙暨《当代中国建筑实录》（第 1 辑）首发活动

《当代中国建筑实录》（第 1 辑）

2023 年 9 月，公司总经理咸大庆同志荣获我国出版界个人最高奖项——第十四届韬奋出版奖。

2023 年 9 月，"21 世纪经典工程结构设计解析丛书"出版。该丛书集合了全国各大设计院很多的经典工程项目，代表了全国建筑结构设计行业的最高水平，是我国进入 21 世纪后 20 多年来结构设计技术全面系统的总结。

"21 世纪经典工程结构设计解析丛书"

2023 年 9 月，《2022 中国住房公积金年鉴》出版。住房公积金制度是解决住房问题的重大举措和创新，是住房制度的重要组成部分。住房公积金制度 1991 年建立以来，在促进城镇住房建设、推动住房制度改革、解决缴存职工住房问题等方面发挥了重要作用。年鉴汇集了全国各省市的住房公积金年度报告，全面客观地反映了住房公积金运行的实际情况，是一份宝贵的年鉴资料，能全面反映出各地住房公积金管理的特点和工作情况，对各地之间相互借鉴学习有着重要作用。

《2022 中国住房公积金年鉴》

2023 年 10 月，"新型建造方式与工程项目管理创新丛书"（共 13 册）完成出版。作为住房和城乡建设部建筑业转型升级软科学研究项目，丛书对推进新时代建筑业产业现代化，具有创新性、现实性的重要意义。

"新时代公园城市建设探索与实践系列丛书"

2023 年 11 月，"新时代公园城市建设探索与实践系列丛书"陆续出版。该丛书获批"十四五"国家重点出版物出版专项规划项目，有较强的前瞻性和引领性，是目前国内对公园城市进行研究的最全面、最详尽、规模最大的一套丛书，有助于系统推进公园城市的规划建设工作。

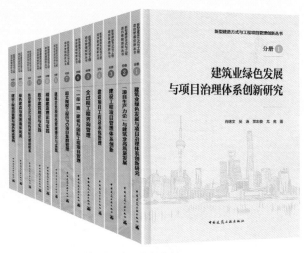

2023 年 11 月，《遇见 600 年天坛》荣获第十届全国书籍设计艺术展佳作奖。该书是第一本全面介绍天坛公园 600 年历史沿革和发展历程的书籍，展示了天坛的营缮、改造、变革及保护传承，阐释了天坛世界文化遗产的价值和魅力。

"新型建造方式与工程项目管理创新丛书"

2023 年 11 月，《环丁漫话：二十四节气七十二物候》荣获第十届全国书籍设计艺术展优秀奖，于 2022 年推出繁体字版。本书以少年儿童为阅读对象，突破了传统的认识角度和创作形式，以原创手绘漫画的形式，通过卡通人物"小

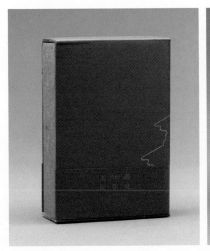

《遇见 600 年天坛》

叶子"的视角，引导儿童观察曾经古人眼中那些代表时间变化的动物、植物、自然现象，并结合现状，思考是否仍然可以根据其目前的生活习惯及变化规律，验证时间的更迭。本书诠释中国文化与中国智慧，使二十四节气七十二物候的"老树"发出了时代文化的"新枝"。

2023年11月，公司智库举办"现代宜居农房建设论坛"。论坛由住房和城乡建设部村镇建设司指导，邀请行业专家围绕如何建设功能现代、成本经济、结构安全、绿色环保、风貌协调的农村好房子进行研讨。

2023年11月，《北京城市规划（1949-1960年）》荣获第十三届钱学森城市学金奖提名奖。

2023年12月，"十四五"时期国家重点出版物出版专项规划项目"数字中国建设出版工程·'新城建 新发展'丛书"出版，这是国内首套系统介绍新城建理论体系与落地应用的系列丛书，共7个分册，聚焦新一代信息技术与城市建设管理的深度融合，系统介绍了推进新城建重点任务的理念、方法、路径和实践。

《环丁漫话：二十四节气七十二物候》

"数字中国建设出版工程·'新城建 新发展'丛书"

《北京城市规划（1949-1960年）》

2023年11月，我公司智库举办"现代宜居农房建设论坛"

2024 年 1 月，我公司召开 2023 年工作总结暨 2024 年工作部署大会，明确 2024 年为"品牌提升年"，以建社70 周年为契机，推进品牌建设，进一步提升品牌影响力、市场竞争力，总体要求是：深入学习贯彻党的二十大精神，落实部党组决策部署，深化主题教育成果，以服务国家战略、服务行业发展、服务部中心工作为己任，以全面提升品牌为主线，强化党建引领，坚持专业立社、人才强社，深入推进"两个转型"，创新生产经营机制，不断增强发展后劲，以高水平出版助推住房城乡建设事业高质量发展。

公司召开 2023 年工作总结暨 2024 年工作部署大会

2024 年 1 月，经住房和城乡建设部领导批示，在部人事司的支持下，我公司建筑板块（建筑与城乡规划图书中心、建筑艺术图书中心、城市与建筑文化图书中心、《建筑师》杂志编辑部）改组为建筑分社；土木板块（建筑结构图书中心、建筑施工图书中心、城市建设图书中心、标准规范图书中心）改组为土木分社。

2024 年 1 月，《中国房地产经济辞典》出版发行。该书充分体现了我国房地产经济在深化土地使用制度改革和住房制度改革等方面的创新和发展，共收录房地产经济领域的常用词汇、术语 2000 余条，主要内容涵盖土地经济、房地产经济、国土空间规划和城市发展、建筑与施工、房地产金融与税收、房地产法律法规等方面。

《中国房地产经济辞典》

2024 年 2 月，国家出版基金资助项目《规画：中国空间规划与人居营建》荣获第九届高等学校科学研究优秀成果奖（人文社会科学）三等奖。

2024 年 2 月，"中国建造关键技术创新与应用丛书"陆续出版。该丛书分为航站楼、会展建筑、体育场馆、大型办公建筑、医院、制药厂、污水处理厂、居住建筑、建筑工程装饰装修、城市综合管廊 10 册，主要介绍各类型建筑建造关键技术和典型工程案例，被列入"十四五"国家重点图书出版规划项目和国家出版基金项目。

2024 年 3 月 29 日，《面向 2035 年 中国城市交通发展战略》于北京成功举办新书发布会，住房和城乡建设部、自然资源部、国家自然科学基金委等领导出席发布会并祝贺新书发布。该书从国家战略高度深入论述城市交通与经济、民生、生态文明、科技创新等的关系，阐述新时代城市交通的内涵与外延、发展愿景、模式与路径，以战略的眼光和务实的精神引领城市交通高质量发展。

《规画：中国空间规划与人居营建》

《面向2035年 中国城市交通发展战略》

《住房和城乡建设部简史》

2024年4月，《住房和城乡建设部简史》出版，这是我国第一部完整的住房和城乡建设部发展史，具有较高的权威性，填补了中国共产党领导住房和城乡建设事业的史籍空白。

2024年4月，国家重点出版物出版规划项目、国家出版基金项目"中国古建筑测绘大系"丛书出版，并在天坛公园举办了首发式。该项目历经10年，共24册，选取我国的世界文化遗产项目、国家级及省级重点文物保护单位重要建筑的测绘图，全面、翔实地记录和梳理中国古代建筑的基本数据信息和资料档案，是古建领域的数据库、档案馆。

"中国古建筑测绘大系"丛书在天坛公园举办首发式

"中国古建筑测绘大系"丛书

《北京古建筑》日文版

2024年5月，由我公司出版、王南编写的《北京古建筑》由科学出版社东京株式会社翻译出版。该书获得了"经典中国国际出版工程"的支持。

2024年6月，在北京国际图书博览会上我公司与施普林格·自然集团签署了"中国建造丛书""中国城市发展丛书"和"21世纪经典工程结构设计解析丛书"英文版合作出版协议，建立了长期可持续发展关系。

2024年7月，英国土木工程学会《岩土工程手册》（上、下册）出版。该手册在国际上享有盛誉，具有权威性、系统性、综合性、实践性的特点，我国岩土工程界多位院士、大师、著名学者共两百多人参与译审。

2024年9月，公司引进出版了景观规划设计专业的经典之作《设计结合自然》（麦克哈格著）的续集——《设计结合自然——刻不容缓》。该书由宾夕法尼亚大学景观系与林肯土地政策研究院合著，北大林肯中心翻译。

《岩土工程手册》（上、下册）

《设计结合自然——刻不容缓》

中国建筑出版传媒大厦大堂

The 70th
Anniversary of
China Architecture Publishing &
Media Co., Ltd.

近 年 成 果

近年来，随着国民经济水平不断提升，人们的精神文化需求日益增长，出版行业市场规模稳步增长，而科技进步和数字化浪潮的推进，也给出版行业带来了前所未有的变革。党的二十大报告指出，要繁荣发展文化事业和文化产业，健全现代文化产业体系和市场体系，实施重大文化产业项目带动战略，文化传媒产业迎来新的机遇。在挑战与机遇并存的环境下，我公司始终坚持把社会效益放在首位，主动服务国家战略，持续深耕主业，加快转型创新融合，系统推进高质量发展，实现社会效益和经济效益相统一。

一是加快推进公司"两个转型"。统筹推动从"书库"向"智库"转变。"中国城市近现代工业遗产保护体系研究系列"（共5卷）荣获CTTI（中国智库索引）2022年度智库成果特等奖。协作推进从纸书向纸数融合转型。启动法规标准服务平台等数字项目，改进"建工社微课程"合作模式，开发"城市社微课程"App，启动"建标知网"推广工作。

二是优化选题结构，深耕专业出版。深耕专业、强化体系，坚持精品战略，深入挖掘优质出版资源，做好选题规划工作，出版了"致力于绿色发展的城乡建设"丛书、"海绵城市丛书"、"数字建造"丛书等一批重点出版物，始终依托专业知识服务助力建设行业科学发展。

三是强化编辑业务板块，完善编辑相关制度。将建筑和土木两个板块改组为建筑分社和土木分社，进一步强化我公司专业品牌，调整优化教材分社各编辑室业务，提升统筹效率。规范编辑业务流程。制定并实施《院校教材出版管理办法》《关于确保成书信息准确性的有关规定（试行）》等多项编辑业务管理制度，强化和落实编辑人员制度意识、责任意识，切实提高编辑工作的质量和效率。

2022 年 8 月，住房和城乡建设部部长倪虹来公司调研，与公司领导班子等合影

四是进一步优化工作机制，提升管理效能。不断加强现代企业制度建设，制修订党委会、董事会、总经理办公会、监事会工作制度，依章程成立董事会编辑委员会，促进科学决策。加强干部队伍建设，修订实施中层干部选任工作办法，调整岗位系数、优化效益考核制度。

五年来，公司上下团结一心、砥砺奋进，积极应对各种不利影响，不断提升核心竞争力，推动实施高质量发展，努力实现新突破、开创新局面。

2022 年 4 月，住房和城乡建设部副部长姜万荣到建知公司调研我公司融合出版工作

五年来，公司各级党组织坚持以习近平新时代中国特色社会主义思想为指导，认真落实新时代党的建设总要求，深入推进全面从严治党，以党的政治建设为统领，全面加强党的领导和党的建设，推动党的建设与业务工作相融合，不断提升党建工作质量，党组织凝聚力、战斗力不断提高，党员的党性观念和积极性、主动性进一步增强，为公司改革发展提供了坚强的政治和组织保证。

**把党的政治建设摆在首位**

深刻领悟"两个确立"的决定性意义，把"四个意识""四个自信""两个维护"，落实到公司党的建设和编辑出版业务工作各个方面，在思想上政治上行动上始终同以习近平同志为核心的党中央保持高度一致。

把学习贯彻习近平总书记重要指示精神和党中央决策部署作为党委会第一议题，研究落实部党组部署要求，切实履行国有文化企业、部属出版单位职责，确保"党媒姓党"，守好党的意识形态阵地，巩固拓展住房城乡建设行业理论创新、实践经验、民生改善成效的宣传主渠道。

加强党对公司各项工作的全面领导，2022年2月召开公司第一次党代会，"两委"成功换届，把党的领导落实到公司治理各环节，凝聚推动发展正能量。修订公司《党委工作制度》，完善"三重一大"事项决策机制，发挥好"把方向、管大局、保落实"作用。

2022年，住房和城乡建设部副部长姜万荣出席公司第一次党员代表大会

### 用党的创新理论武装头脑

把学习习近平新时代中国特色社会主义思想和党的二十大精神作为首要内容，全面系统学、联系实际学、持续跟进学、融会贯通学。发挥党委理论学习中心组领学促学作用，把参加研讨范围扩大到中层干部和青年骨干，领导干部带头学、带头讲党课、带动党员干部加强学习。建强青年理论学习小组，抓好青年理论武装。

认真落实中央部署上级要求，扎实开展党史学习教育、学习贯彻习近平新时代中国特色社会主义思想主题教育、党纪学习教育及"学查改"专项工作，切实用党的创新理论武装头脑、指导实践、推动工作。

### 锻造坚强有力基层党组织

持续推进党支部标准化、规范化建设，深化"四强"党支部创建，总结推广"党团示范岗""三向培养模式"等党支部建设好经验、好做法，推进党的建设和出版业务深度融合，以编辑业务板块为单位组建成立党支部，符合条件的支部内部划分党小组，配齐配强专兼职党务干部，增强基层党组织政治功能和组织力。2022年、2023年、2024年，共6个党支部被命名为"中央和国家机关'四强'党支部"。

2021 年 10 月，党史学习教育期间，请老社长周谊作专题宣讲　2021 年 7 月，党史学习教育期间，总经理咸大庆为公司党员干部讲专题党课

2021 年 9 月公司党委召开年轻干部座谈会

2021 年 4 月，公司党委组织开展"清明祭英烈"活动，祭扫昌平烈士陵园

2022 年 6 月，公司领导参加青年理论学习小组学习研讨，为青年代表赠书

2023 年 6 月，党委书记张锋讲专题党课

2022 年 7 月"学党史、悟思想、办实事、开新局"党史理论知识竞赛

2024 年 3 月，公司领导带队，组织干部职工赴中国国家版本馆中央总馆参观学习

注重党员队伍建设，严格入党积极分子教育培养，2020 至 2023 年新发展党员 24 名，2024 年 5 名同志列入发展计划。2021 年，5 名同志被评为"部直属机关优秀共产党员"、2 名同志被评为"部直属机关优秀党务工作者"、1 个党支部被评为"部直属机关先进基层党组织"。2024 年，1 名同志被评为中央和国家机关"四好"党员。

**推进全面从严治党向纵深发展**

深入贯彻落实中央八项规定及其实施细则精神，落实部党组、驻部纪检监察组"十不准"要求，持续加强和改进作风，从调查研究、推进工作等具体事项做起，抓实事、求实效。压实"两个责任"，落实落细班子成员"一岗双责"。

严明纪律规矩，注重强化日常教育管理监督，抓住重要时间节点多种方式廉政提醒，及时传达违纪案件通报，用身边事教育身边人。紧盯关键少数、关键环节以及群众关心的热点难点问题，加强监督管理，修订纸张招标采购、经营风险防控、图书报废等相关管理办法，完善内控机制。发挥审计监督作用，堵塞管理漏洞，防范化解风险。全力支持配合巡视，抓好整改"四个融入"，认真做好巡视"后半篇文章"。

2024 年 1 月，党委书记张锋为公司青年讲授"新年第一课"

2024 年 3 月，公司党委和中国建设行业贸促会党支部开展《中国共产党纪律处分条例》主题联学

2024 年 5 月，公司党委、纪委与大兴区住建委开展党纪学习教育联学共建，赴北京市全面从严治党警示教育基地开展警示教育

2024 年 6 月，公司党委与部科技与产业化发展中心党委，开展"守纪律铸党性，数字住建绘新篇"联学共建

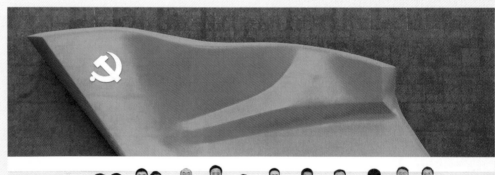

2024 年 6 月，我公司与部执业资格注册中心联合开展"学党史悟初心 守纪律铸忠诚"主题党日活动，赴中国共产党历史展览馆参观学习

　　五年来，我们继续秉承"三个服务"的宗旨，始终把社会效益放在首位，积极推进各项编辑工作，打造出一批双效益好的高质量出版物。

　　紧密围绕国家大政方针，主动融入并服务住房城乡建设事业，聚焦全国住房城乡建设工作会议精神，做好选题规划工作。大力推进《围绕中央城市工作会议与部中心工作图书选题及出版规划》落实工作，坚持稳中求进，深化结构调整，强化编销联动，出版了一批城市更新、城市体检、智慧城市、历史文化名城保护、智能建造、绿色低碳、乡村振兴等主题图书，讲好住建故事，助力住房城乡建设事业高质量发展。

突出精品意识，加强主题出版、国家重点出版物出版规划项目等重点出版物的选题策划与出版落实工作。近五年来，我公司有"新型智慧城市研究与实践——BIM/CIM系列丛书"等2种套出版物增补入选"十三五"国家重点出版物出版规划项目；《大美城乡 安居中国》、"'一带一路'上的中国建造丛书"、《北京冬奥·2022·中国实践》等18种套入选"十四五"国家重点出版物规划项目。另有"中国建造关键技术创新与应用丛书"、"中国'站城融合发展'研究丛书"、《〈营造法式注释〉补疏（上、下编）》、"地域气候适应型绿色公共建筑设计研究丛书"等16种套获批国家出版基金资助；《微胶囊自修复混凝土》、《非饱和土与特殊土力学》、《可恢复功能防震结构——基本概念与设计方法》、《供水管网漏损控制关键技术与应用示范》等26种套获批国家科学技术学术著作出版基金资助。推进了《住房和城乡建设部简史》、《大美城乡 安居中国》、"数字建造"丛书、《中国城市建设可持续发展战略研究》、《中国科技之路·建筑卷·中国建造》、"中国传统聚落保护研究丛书"、"中国古建筑测绘大系"、《中国城市群的类型和布局》等重点精品图书的出版工作。

七秩芳华 中国建筑出版传媒有限公司70周年

与时俱进推陈焕新，注重挖掘历史优势资源的再生价值，巩固品牌优势。《硅酸盐辞典》（第二版）、《钢结构设计手册》（第四版）等传统经典工具书的再版推出，在业内广受赞誉。《建筑施工手册》（第六版）、《风景园林设计资料集》（第二版）、《室内设计资料集》等传统经典出版物融入新时代新元素的再版更新工作有序推进。

教育教材建设与出版工作稳步前行，取得新进展。1300 余种教材入选住房和城乡建设领域学科专业"十四五"规划教材。12 种高等教育类教材、3 种职业教育与继续教育类教材荣获 2021 年首届全国教材建设奖，获奖品种在土木建筑大类专业中名列第一。

首届全国教材建设奖获奖图书

积极参与住房和城乡建设部建造师相关课题研究，配合完成2024年版考试大纲修订。以委托创作方式，组织行业专家编写新版全国一、二级建造师执业资格考试用书及系列辅导图书。

立足专业，面向大众，大众科普出版渐成规模。策划出版一批大众科普图书。"老年宜居环境建设系列丛书"获评科技部2020年度全国优秀科普作品。梁再冰口述的《梁思成与林徽因：我的父亲母亲》入选"2021年向全国老年人推荐优秀出版物活动"书目。

持续完善编辑工作相关制度建设，严格流程管理、质量管理，提质增效。相继出台《编辑部管理办法实施细则》（10-14）、《社会效益评价考核办法》、《出版物质检工作办法（试行）》等多项管理制度，为健康发展保驾护航。历时3年完成编辑案头工具书《书稿著译编校工作手册》（第六版）修订。

## 书稿著译编校 工作手册

（第六版）

本社 编

中国建筑工业出版社

为深入贯彻党中央关于"加强中国特色新型智库建设"的要求，在部领导的关心和支持下，2017年11月，出版社成立了"住房城乡建设智库"（对内称"发展研究部"，对外称"建设发展研究院"）。智库于2018年3月入选新闻出版广电总局新闻出版改革与发展项目库，于2023年6月被住建部列为住房城乡建设智库试运行单位。

部党组高度重视我公司智库建设。倪虹部长2022年8月调研我公司时，要求成立实体智库，打造住房城乡建设行业智库品牌；12月主持部党组会议听取我公司智库建设专题汇报；在2023年1月召开的全国住房城乡建设工作会议上要求，加强智库建设，使智库成为政策研究的支撑、应急处置的参谋、正确舆论的引导。姜万荣副部长多次组织研究我公司智库发展方向。宋寒松组长2023年2月到社里宣讲党的二十大精神时，勉励我公司建好智库，服务行业发展。

在部领导的关怀和指导下，在智库专家委员会的大力支持下，智库开展了大量工作，智库服务能力明显提升，智库发展迈上新台阶。

一是明确智库定位。智库自成立以来，一直以住建行业发展、出版融合发展为主要研究方向。一是围绕部中心工作开展研究，提供决策咨询与政策建议。二是围绕行业、企业发展和改革需求开展研究，提供专业、精准、便捷的咨询服务和对策性研究成果。三是围绕出版社自身改革发展开展调查研究，促进融合发展。同时，明确"为发挥出版社优势，建设以住房城乡建设理论研究为重点，兼顾案例剖析、实践探索的高端特色智库"的发展思路。

2020年1月10日,举办中宣部国家新闻出版改革发展项目库项目"住房城乡建设智库"专家研讨会暨建设智库大讲堂第七讲,成立住房城乡建设智库专家委员会

二是开展机制创新,支持智库建设。2018年出版社设立了创新发展基金,并制定了基金管理办法和资助项目评审细则。在基金支持下,已完成8个研究项目,形成多项研究成果。同时,成立专家智库委员会。依托公司长期积累的作者资源,于2020年1月成立了智库专家委员会,聚集住建行业权威专家,作为智库承担各项研究工作的主要力量。专家委员会共90人,其中院士11人,原建设部副部长宋春华任专家委员会主任,下一步拟扩展到200人。

三是定期编制报送《智库专报》。围绕部党组确定的重点工作、住建行业发展面临的突出问题等,策划编写《智库专报》,报送部领导,各司局,各省、市住建部门。截至2024年4月10日,共报送115期(篇),已有13篇经部办公厅选报中办国办。其中,《老旧小区居家养老设施适老化改造实施建议》得到时任副总理孙春兰的批示。《健全房屋使用安全制度,实现人民群众"住有安居"》提出建立"房屋体检"制度的建议,得到倪虹部长的批示。《日本房地产业发展历程对我国房地产业发展的启示和建议》得到董建国副部长的批示。"城市更新战略专刊"、《"7.20"郑州城市

《建设智库专报》获得倪虹部长批示

《建设智库专报》获得董建国副部长批示

《建设智库专报》合集

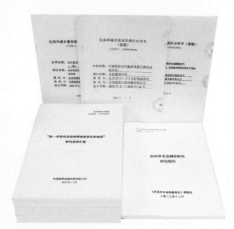

开展的部分课题研究

内涝灾害分析与应对策略》《关于提升居住建筑防疫性能的建议》《关于筹集租赁住房房源的国际经验和几点建议》《关于提升城镇燃气安全水平的建议》《建管营一体化助力乡村振兴可持续》《日本乡村振兴的经验和启示》等专报时效性强，建议有针对性，受到多个司局的关注和好评。

2019年11月13日，时任住房和城乡建设部副部长倪虹参加建设智库大讲堂第五讲并讲话

2020年1月10日，住房和城乡建设部副部长姜万荣参加中宣部国家新闻出版改革发展项目库项目"住房城乡建设智库"专家研讨会暨建设智库大讲堂第七讲并讲话

2020年1月10日，原住房和城乡建设部副部长宋春华在中宣部国家新闻出版改革发展项目库项目"住房城乡建设智库"专家研讨会暨建设智库大讲堂第七讲上，作题为"把握态势，坚持创新，促进城乡建设高质量发展"的专题报告

2022年1月11日，住房和城乡建设部总经济师杨保军在建设智库大讲堂第八讲上，作题为"全面实施城市更新行动 推动城市高质量发展"的专题报告

2023年7月14日，公司党委书记、董事长张锋在"人工智能技术对建筑业的影响"专题智库沙龙活动上发言

2023年11月23日，公司总经理咸大庆在"现代宜居农房建设论坛"活动上发言

四是组织开展重大课题研究。按照部领导要求和有关司局委托，组织开展了"中国特色社会主义住房制度研究""进一步深化完善保障性租赁住房制度研究""碳中和下的城市基础设施建设研究""小城镇基础设施建设提升路径总结评估"等课题研究，其中部分已结题验收，专家和委托司局给予肯定。

五是举办"智库大讲堂""智库沙龙""专题论坛"活动。聚焦加快建设美丽中国、乡村振兴、住房租赁、社区治理、实施城市更新行动、智库建设等主题，开展了 11 期智库大讲堂活动，邀请相关专家学者解读政策、分享研究成果，打造推动行业发展具有引领性的高端文化平台。时任部领导、总经济师、有关司局负责同志出席活动，对智库工作给予指导；部相关司局、学协会代表等累计 1000 多人参加。

举办了"人工智能技术对建筑业的影响"智库沙龙，邀请相关研究机构、院校和企业的专家从理论、应用实践、未来发展等多方面作了专题报告，并进行了深入的研讨交流。举办"现代宜居农房建设论坛"，邀请行业主管部门、农房建设专家学者、乡村建设工匠、企业、村干部、村民等，围绕如何建设农村好房子、提升农民居住品质进行研讨、凝聚共识。

2024 年 3 月，召开《中国房地产金融》期刊编委会会议，住房和城乡建设部党组成员、副部长姜万荣出席会议并讲话。会上，姜万荣副部长还为期刊编委会专家和学术支持单位颁发了聘书

定期编制《发展研究快报》

定期编制企业年度发展报告

　　六是编辑出版行业发展报告。组织出版了 30 多项住建行业发展年度报告或专题报告，对宣传行业、推动技术发展发挥了重要作用。

　　七是专业学术期刊与特色智库建设协同发展。承办《中国房地产金融》学术期刊，组织出版发行工作，探索期刊中长期发展目标及路径，召开《中国房地产金融》期刊编委会会议，住房和城乡建设部副部长姜万荣出席会议并讲话。按照部党组指示，结合智库建设，努力将《中国房地产金融》办成核心期刊，为促进住房制度建设和房地产市场平稳健康发展打造学术研究平台。持续办好《建筑师》杂志。《建筑师》创刊至今 45 年，始终秉承建筑学科理论与学术为主的办刊方向，近年来学术影响力持续提升，2023 年入选 CSSCI（2023-2024）扩展版来源期刊，2024 年 RCCSE 中国核心

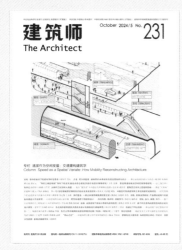

《建筑师》

《中国房地产金融》

学术期刊等级评定为 A- 等级，入选中国人文社会科学期刊 AMI 核心扩展版（2022-2026），建筑科学领域高质量科技期刊 T2 级学刊，教育部学位认证中心建筑类 20 本认证期刊之一，是中国建筑界最具学术份量和影响力的建筑理论刊物之一。

八是开展企业发展研究。编制发展研究快报、企业年度发展报告、阶段性出版行业发展分析报告等，提供行业发展总体态势、融合发展、在线教育、线上线下书店运营、品牌案例、国际出版形势等核心资讯，以及经济形势、企业改革相关新闻，服务企业自身高质量发展。

我公司顺应数字时代发展趋势，积极推动从书库向智库、从传统出版向数媒融合转型。经过多年的积累与发展，2017年10月根据集团化发展战略和数字化出版转型战略，成立全资子公司建知（北京）数字传媒有限公司（简称建知公司），2020年、2021年建知公司先后通过国家高新技术企业和中关村高新企业认定，成为双高新技术企业。坚持创新驱动发展战略，注重融合发展顶层设计，立足建筑专业领域，积极探索知识服务新模式，实现传统图书产品与新型在线知识服务产品在供给侧的基于关联互动的深度融合，着力建设考试服务、教育服务、技能提升、专业应用等全媒体专业知识服务融合产品矩阵，同时为纸质图书增值赋能，形成了品牌影响力，得到了行业主管部门的高度肯定、同行们的广泛认同和读者用户的赞誉，先后获得国家新闻出版署授予的"数字出版精品遴选推荐计划""出版融合发展旗舰示范单位"等多项荣誉，探索出了一条面向住建行业从业人员的专业知识服务新路径。

加强组织领导与制度建设，重视整体规划设计。将出版融合发展作为"一把手"工程来抓，坚持总体布局、整体规划，以向知识服务商转型升级为目标，以专业知识服务平台建设为工作基础与核心，围绕"一体两翼"的布局，依托国家新闻出版署批准成立的"出版融合发展重点实验室""出版业科技与标准重点实验室"两个重点实验室，以建工社为主体，建知公司、发展研究部为两翼，以"中国建筑出版在线"为综合性平台，建立了"168N"的架构体系，以满足不同专业应用方向的需求，延伸相关服务。

出版融合发展旗舰示范单位

国家新闻出版署

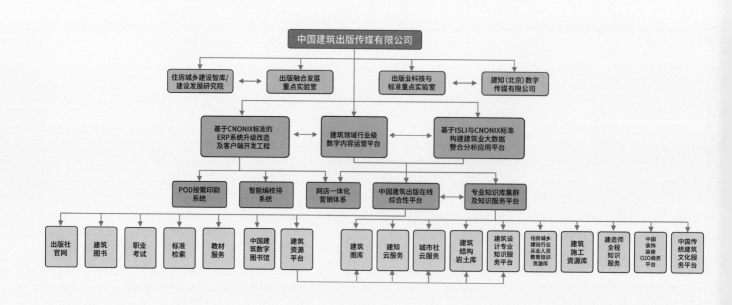

加强研发投入，提高融合发展技术水平。坚持走技术创新的高新技术发展道路，加强技术人才的引进与培养，建立了一支懂行业、精专业的数字出版团队，着力提升自主研发能力，培育核心自主知识产权。截至目前，累计获得 38 项软件著作权，14 项商标注册证书。自主研发的"知运运营中台"荣获"数字创新技术应用优秀案例"奖，"知阅阅读器"荣获"创新技术"奖。构建系列标准，促进技术成果产业化应用，我公司开展了一系列应用技术及相关基础应用标准的研究，截至目前，编制发布了 16 项企业标准，参与编制了 5 项国家标准、7 项行业标准和 3 项团体标准。从专业内容和实际业务出发，对内容管理、产品运营、用户服务等方面的需求进行统一标准化，并运用到了具体数字产品建设中。

技术运用与业务场景紧密结合，创新知识服务模式。开发建设孵化出"中国建筑出版在线""建工社微课程""中国建筑数字图书馆""建标知网""数字教材"等多个专业知识服务平台产品，运用大数据技术构建数据服务生态，实现从 PC 端到 H5、微信小程序、App 的全终端覆盖，更好地服务用户随时随地便捷获取知识。数字出版收入快速增长，近五年年销售收入均突破 7000 万元，平台累计注册用户超 740 万人，获得了良好的社会效益和经济效益，已成为我公司第五大板块和新的经济增长点。

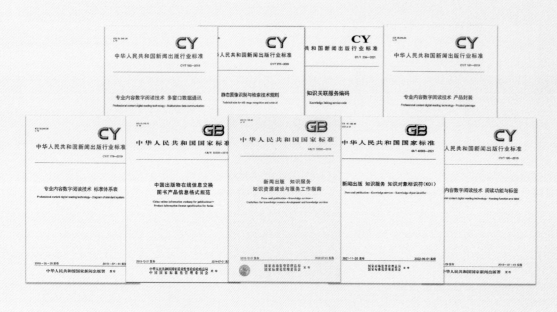

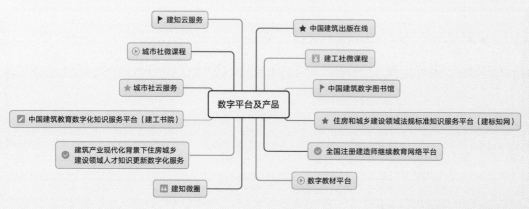

我公司依托出版融合发展重点实验室、出版业科技与标准重点实验室，探索传统出版和新型出版深度融合，开展实践探索和应用研究，在数字项目开发与运营、行业企业应用标准的制定、出版融合前沿技术的合作探索等方面取得了阶段性的成果，获得了国家新闻出版署"标准应用"与"科技应用"双示范单位称号和"2021 年度出版业优秀科技与标准重点实验室"荣誉。

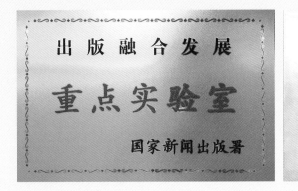

出版业科技与标准
重点实验室

国家新闻出版署
二〇二一年二月

建知公司负责建设、运营和管理建工社多个数字平台，业务范围包括电子、音像和网络出版，是专业的新媒体内容生产集成和运营机构，作为我公司的融合发展新质生产力，充分发挥先行、先试、先导作用，培育新兴多元产品和业态。建知公司设综合办公室、融合出版事业部、数字图书事业部、知识服务事业部、市场运营部、资源部、技术部、融媒体中心8个部门，现有职工64人，其中取得硕士学位的25人，40岁（含）以下青年职工52人，他们掌握建筑专业知识，熟悉数字出版业务，年轻而富有活力，大胆探索，积极创新，在新赛道上为推进公司数字化转型升级和高质量融合发展不断奋斗。

建设广电级的融媒体中心，充分发挥新媒体的传播力量，以出版行业和住建行业的"双行业"服务定位，专注于新媒体策划和视音频深度利用"双维度"业务方向，广泛开展各类新媒体制作和发布业务，不仅服务社内课程制作、活动宣传，合作开发了"数字人"为产品赋能，还与行业主管部门、学协会、高校、专业机构等建立了长期稳定的合作服务关系，以"专业、敬业、高效"的服务赢得了口碑，进一步拓宽了业务领域，打造了品牌。

策划开发、编辑出版的多部电子出版物、音像制品获得国家级奖项，其中《中国室内设计艺术 千年回眸》获得第五届中国出版政府奖音像电子网络出版物奖提名奖、第八届中华优秀出版物奖音像电子出版物提名奖，《数字长城》《天津历史风貌建筑修缮工艺》获得第八届中华优秀出版物奖音像电子出版物提名奖。

数字出版展厅成为公司出版融合发展对外宣传交流的重要窗口，多次接待住房和城乡建设部相关司局、直属单位领导，中宣部相关局领导、行业学协会，及出版界同行，为加深了解、开展合作搭建了平台。

2021 年 12 月，中宣部出版局、出版科技与标准处到建知指导工作

2022年6月，中国出版协会理事长邬书林（左二）到建知公司调研交流

2023年9月，住房和城乡建设部原总工程师李如生（右二）到建知公司调研交流

2023年7月，住房和城乡建设部法规司、公积金司到建知公司指导工作

2023年4月，住房和城乡建设部市场监管司到建知公司指导工作

2022年10月，中国城市规划设计研究院到建知公司调研交流

2023 年 4 月，住房和城乡建设部标准定额司、标准定额研究所到建知公司指导工作

2023 年 5 月，中国社会科学出版社到建知公司调研交流

2023 年 9 月，公司副总经理欧阳东参加出版融合发展工程颁证仪式

2019 年，第九届数博会，时任建知公司经理岳建光代表建工社与"学习强国"平台签订数字内容资源合作协议

七秩芳华 中国建筑出版传媒有限公司 70 周年

图书出版中心作为公司图书生产部门，承担封面设计、正文排版、校对、印制、材料采购等工作，是图书出版流程中重要一环，在编印发出版业务中起到承上启下作用。在过去的五年里，部门在公司党委的坚强领导下，紧密围绕"高质量发展"的核心目标，不断深化党建引领，强化团队建设，优化生产质量保障体系，确保出版周期稳定高效，并紧跟时代步伐，大力推动新技术应用，出版业务不断开拓和发展，图书生产综合保障能力迈上新台阶。

**党建引领，铸就思想之魂**

五年来，部门始终将党的政治建设置于首位，不断深化党的建设，强化党员队伍的政治素养与业务能力。通过一系列丰富多彩的党建活动，有效提升党员的政治意识、大局意识、核心意识、看齐意识，形成了"三向培养"的良好机制，党支部的凝聚力和战斗力显著增强。党建与业务深度融合，以党建为引领促进业务发展，以业务成果检验党建成效，形成了"党建引领业务，业务反哺党建"的良性循环，为图书出版中心各项工作提供了坚实的政治保障。

参观中国科学家博物馆

团建 CS 大战

团队建设，汇聚发展力量

　　人才是出版事业发展的第一资源。根据业务发展需要，不断优化团队结构，确保各岗位人员配置合理，形成优势互补、协同作战，通过校园招聘与社会招聘相结合的方式，广泛吸纳技术型人才，为团队注入新鲜血液。加强内部培训与外部交流，邀请行业专家、学者授课，分享最新出版动态与政策法规，拓宽员工视野，提升专业素养。通过岗位练兵、实践锻炼，培养员工的实践能力与团队协作精神，形成了一支业务精湛、作风优良、团结协作的出版队伍。在关键时刻与重大任务面前，团队成员展现出高度的责任感与使命感，为公司的持续发展培养了优秀的技术人才。

公司领导到建工印刷厂调研指导　　　　　　　　　图书质量展

公司领导到建工印刷厂调研指
导，与厂负责同志交流

主题党日与北京理工大学出版社
出版部交流学习

近年成果

**质量为先，铸就精品图书**

质量是出版物的生命线。部门始终将质量放在首位，不断完善出版生产质量保障体系。从封面设计到排版校对，从印制到材料采购，每一个环节都建立了严格的质量控制标准与流程。特别是在疫情期间，迅速制定并实施了《关于统筹疫情防控与生产 10 项保障措施》，确保了出版工作的连续性与质量稳定性。强化图书收稿的齐、清、定检查，严格执行"三校"制度，积极推动智能审校软件的应用，建立版式库，提高稿件加工、排版及校对的精准度与安全性。在印制环节，多维度加强质量监控，不发通知、不打招呼，检查人员直接深入到质量抽检的最前线，第一时间获取最真实的质量信息，提高质量抽检的针对性和实效性。同时，邀请第三方质检机构进行质量抽检，确保图书生产质量检查结果客观公平。重视市场反馈，不断优化产品质量，提升读者满意度。

《建筑师》杂志印装质量检查

调研印刷企业新工艺、新设备、新材料

### 服务升级，提升市场响应

在出版流程的链条中，图书出版中心不仅是编辑与发行之间的坚实桥梁，更是推动整个出版活动的关键力量。在快速变化的市场环境中，部门建立快速响应机制，不断优化服务流程，灵活调整出版生产计划，简化内部审批环节。在封面设计、排版校对、印制等环节，采用标准化作业流程，减少人为错误，提高产品质量稳定性，确保编辑的策划创意能够迅速转化为高品质出版物，营销部门能及时获得所需资源，迅速响应市场需求。通过建立项目制试点小组为编辑提供更加全面、高效和优质的服务，利用数码印刷技术为营销部门以销定产、快速反应、控制库存提供技术支撑。注重加强与编销部门的沟通协调，促进生产信息共享。通过这些举措，为编辑的策划创意与营销的市场需求提供了有力支持。

调研中国电力出版社按需印刷生产线

调研中国电力出版社按需印刷生产线

**展望未来，续写辉煌篇章**

正因为部门在党建工作、图书生产保障和团队建设方面的努力，2022 年党支部荣获了中央和国家机关"四强党支部"称号，部门也在五年内四次被评为公司先进集体。这些荣誉不仅是对我们过去五年工作的肯定，更是对未来工作的鼓励和鞭策。未来在公司领导带领下，图书出版中心将继续秉持"质量第一、服务至上"的理念，不断创新和提升图书生产的综合实力。确保平时能够高效产出，满足市场需求，在应对急难险重工作任务时能顶住压力，稳定供应。切实发挥生产保障的压舱石作用，为公司高质量发展贡献力量。

近五年，受新冠疫情冲击等不利因素影响，公司营销工作面临巨大挑战，库房封库、物流断流、学校无法上课、培训停办，实体书店门可罗雀。面对种种困难，在公司领导的支持和指导下，营销中心和书店立即调整工作思路，开通居家办公远程服务，保证客户服务不断档，随时根据环境的变化不断调整工作模式和策略，在营销和渠道建设方面有了新的突破。

2019 年发行工作会议

中国建筑工业出版社教学服务中心 2020 年工作会议

### 新媒体营销模式快速发展

探索社群营销等新媒体营销活动，适应市场服务需求新变化。陆续开通了微信、微博、今日头条、小红书、豆瓣、百度百家号、视频号、抖音、B 站、快手等平台账号，初步建立起公司的立体营销矩阵；统筹全公司 18 个微信公众号、6 个视频号，粉丝总数 450 多万；持续开展直播等营销活动，尝试天猫大牌日等主题直播活动，开通翻转课堂、虚拟教研室、新书发布会、考试类咨询讲座等特色直播栏目。公司微信公众号粉丝数达 85.3 万，在 2024 年 3 月《2023 年出版单位新媒体影响力榜单》中排名第 9。

### 调整渠道策略，推进线上线下融合发展

鉴于图书发行面临新零售、新场景，我们调整渠道策略，推进线下线上融合发展。在线上销售方面，加强与文轩、博库、京东、当当等 20 多家线上平台合作。同时重点发力拼多多、抖音平台，取得了初步效果。线下继续深入与传统代理连锁系统、新华书店系统的合作，严格执行对代理经销商的各项政策，继续加强对代理连锁系统的考

核评定、奖励返点工作，落实授权经营、流向申报，扶植线下实体店的发展，科学合理调控退货。大力做好新华书店特别是一般书的上架和销售。与重点馆配商加强合作，制定相关激励机制提升馆配市场的占有率。

### 建立教学服务中心体系，大力推动教材营销

在教材营销方面，推动代理连锁系统向教学服务转型，在全国建立23家教学服务中心。同教材分社共同努力，组织多场创新活动。一是教材营销更加精准，按高校、职教等层次，按专业类型，组织相关活动。二是教材营销更加得力，更多的是在教学服务中软营销我公司教材。近几年，虽然土建类本科招生大幅下滑，但是我们稳住了教材基本盘，占有率有所提升。

### 多措并举，全力保障建造师销售工作，完善销售体系

在建造师经营小组的指导下，继续做好一、二级建造师考试用书的重印、发货、调剂等工作，尤其是市场研判、营销创新等工作，不断调整经营策略。持续加强天猫、京东等平台销售数据分析，精准确定首发数，调整发货节奏。坚持建造师日报表制度，

2020年发行工作会议

对销售前十名的重点客户定期统计库存。做好网店一体化分销平台的各项保障工作。加强部门协作，保证生产不断档不积压。制定整体建造师营销宣传方案。对京东自营店提供套装发货，创新销售模式。

**书店自营网店业务突飞猛进，实现双倍增量**

书店转型自营，多平台建立官方自营店，如天猫、京东、当当、拼多多、有赞微商城等。通过内部细化考核、明确权责，压力层层传导，激发销售动力，全力做好自营网店的上架、页面展示、电商物流、客服、读者评论管理等日常基础运营工作。牢牢抓住建造师等重点产品的运营及重点销售期，确保店铺销售处于领先地位。通过一系列举措，自营网店业务近年来突飞猛进，圆满实现销售规模翻番的目标。

2023 年发行工作会议

　　我公司一贯重视开展对外合作交流，20世纪70年代末，建工社成为国内最早一批开展图书版权贸易的出版单位。从初期简单的版权贸易，到今天的中外文同版成书；从大量译介国外经典著作，输出一批批传播中国建筑文化、建造技术、建设成就的优秀图书，公司在加强出版对外合作交流、推动中华文化走出去方面迈出了坚实的步伐。

　　近年来，公司持续加大统筹出版高水平走出去和引进来的力度，着眼构建中国话语和中国叙事体系，讲好中国故事，让海外读者更好地了解中国建筑，扎实推进出版走出去重点工程项目，创新出版走出去方式，拓展出版走出去渠道，积极参加北京国际图书博览会，用好重要国际书展平台，适应线上线下融合办展趋势，高效传播优质出版内容，扩大版权输出。

　　在国家"一带一路"倡议的指引下，公司在继续做好常规版权输出和翻译出版的同时，着重将目光转向"一带一路"国家和地区，例如向哈萨克斯坦东方文献出版社输出《宫殿建筑》等书哈萨克文版，向吉尔吉斯斯坦东方文学与艺术出版社输出《道教建筑》吉尔吉斯文版，向以色列康坦图国际出版公司输出《中国民居之美》等书希伯来文版，向蒙古国光明出版社输出《皇家园囿建筑》等书蒙古文版，向巴基斯坦Jumhoori出版社输出《文人园林建筑》乌尔都文版，向伊朗千年凤凰出版社输出《中华人居工程变迁》波斯文版，受到国外读者、出版商的青睐。公司图书版权输出地区和语种不断扩大，截至2024年9月，公司共签约输出24个文种图书版权，涉及32个国家和地区，与全球60多家知名出版机构建立了长期稳定的合作关系。

2023 年 6 月，参加北京国际图书博览会 　　　　2024 年 6 月，在北京国际图书博览会上，我公司与施普林格出版集团签订合作出版意向书

　　公司积极实施走出去战略，采取多项有力措施，取得丰硕成果，得到了相关部门大力支持和认可。2019 年来，《工程管理论》（英文版）等 7 个品种入选"丝路书香"工程，《21 世纪中国新建筑记录》（罗马尼亚文版）等 4 个品种入选"中国图书对外推广计划（CBI）"，《中国古典园林分析》（英文版）等 5 个品种入选国家社科基金中华学术外译项目，《道教建筑》（俄文版）等 5 种套图书获输出版优秀图书奖，《现代建筑口述史》等 4 种套图书获引进版科技类优秀图书奖，《胡同蘑菇》获 2019 年德国 DAM 建筑图书奖提名奖，"'中国古建筑之美'丛书多语种输出"在 2024 年第五届"一带一路"出版合作典型案例征集活动中获评版权输出典型案例。公司连续八年获评"中国图书海外馆藏影响力出版 100 强"，并入选 2022 年度、2023 年度"中国大陆出版机构英文品种排行榜"以及 2024 年度"中国大陆出版机构英文图书出版及海外馆藏品种排行榜"。

　　2023 年 12 月，为落实新时代出版业新任务新要求，举全公司之力推动高水平走出去，强化引进图书版权管理，公司党委决定将外版外宣外事工作纳入总编室统一管理、统筹发展，并探索建立图书版权经理人制度，扩大走出去成效，不断增强公司出版品牌的国际影响力和竞争力，积极助力中华建筑文化、中国建造走出去。

23年5月，参加马来西亚吉隆坡书展

2023年7月，参加香港书展

2023年10月，参加法兰克福书展

2023 年 10 月，西班牙国际图书博览会，总经理咸大庆在中西文明交流互鉴暨文学出版合作论坛上发言

2023 年 11 月，参加第四届东京版权大会

2024 年 7 月，参加新西兰中国主题图书展

2024 年 5 月，参加马来西亚吉隆坡书展

2024 年 3 月，参加伦敦书展

2024 年 4 月，参加阿布扎比书展

2024 年 6 月，第二十三届输出版引进版优秀图书推介
活动颁奖典礼，副总经理岳建光代表我公司领奖

中国精致建筑 100 丛书（5 卷，俄文版）

中国园林艺术（中、法、德文版）

西藏（中、德、法、英文版）

中国建筑的魅力丛书（4 卷，俄文版）

中国古建筑之美丛书（3 卷，哈萨克文版）

中国古建筑之美丛书（5 卷，西文版）

中国民居之美（英、阿拉伯、希伯来文版）

神州瑰宝——中国的世界遗产（中、俄、英文版）

中国精致建筑 100 丛书（英文版）

圆冶图释（日文版）

安藤忠雄（繁体字版）

承德——热河的遗迹（日文版）

道教建筑（吉尔吉斯文版）

地面建筑与隧道的施工过程相互影响预测及控制（英文版）

盾构掘进对邻近建筑物影响及控制技术（英文版）

混凝土结构抗连续倒塌试验与机理分析（英文版）

管道修复技术规程（英文版）

街道界面形态的量化研究

地下结构设计（英文版）

中国建筑节能年度发展研究报告 2021（英文版）

美丽乡愁——中国传统村落（英文版）

中国建筑装饰艺术（日文版）

梁思成与林徽因：我的父亲母亲（繁体字版）

社史馆

The 70th
Anniversary of
China Architecture Publishing &
Media Co.，Ltd.

荣誉展示

## 2023 年度

| 序号 | 奖项名称 | 获奖时间 | 颁发机构 |
| --- | --- | --- | --- |
| 1 | 出版融合发展旗舰示范单位 | 2023 年 9 月 | 国家新闻出版署 |
| 2 | 第十届全国书籍设计艺术展<br>优秀组织奖 | 2023 年 | 中国出版协会书籍设计艺术工作委员会 |
| 3 | "中国·最美的书"二十年<br>杰出组织奖 | 2023 年 | 上海市新闻出版局"最美的书"评委会 |
| 4 | 2023 年全国科技活动周<br>表现突出单位 | 2023 年 | 全国科普工作联席会议办公室、<br>科技部科技人才与科学普及司 |
| 5 | 2023 年度优秀联络员单位荣誉称号 | 2023 年 | 中国新闻出版研究院 |

## 2022 年度

| 序号 | 奖项名称 | 获奖时间 | 颁发机构 |
| --- | --- | --- | --- |
| 1 | 国家新闻出版署 2022 年出版业<br>科技与标准创新示范项目<br>"科技应用示范单位" | 2023 年 1 月 | 国家新闻出版署 |
| 2 | 中国编辑学会 2022 年度<br>"特殊贡献单位" | 2023 年 2 月 | 中国编辑学会 |
| 3 | 第十二届中国数字出版博览会<br>"优秀数字内容服务商" | 2023 年 2 月 | 中国数字出版博览会组委会 |

## 2021 年度

| 序号 | 奖项名称 | 获奖时间 | 颁发机构 |
| --- | --- | --- | --- |
| 1 | 2021 中国图书海外馆藏<br>影响力出版 100 强 | 2021 年 9 月 | 中国出版传媒商报、<br>北京外国语大学国际新闻与传播学院·<br>中国文化走出去效果评估中心、<br>中国图书进出口（集团）总公司 |
| 2 | 建知（北京）数字传媒有限公司<br>——中关村高新技术企业认定 | 2021 年 11 月 | 中关村科技园区管理委员会 |
| 3 | 2021 年出版业科技与标准创新<br>示范项目"标准应用示范单位" | 2021 年 12 月 | 国家新闻出版署 |
| 4 | "富媒体出版资源管理与数据应用<br>重点实验室"入选国家新闻出版署<br>出版业科技与标准重点实验室 | 2021 年 2 月 | 国家新闻出版署 |
| 5 | 第十一届中国数字出版博览会<br>2020-2021 年度"优秀展示单位" | 2021 年 10 月 | 中国数字出版博览会组委会 |
| 6 | "中国建筑出版在线"荣获<br>2020-2021 年度<br>数字出版"优秀品牌"荣誉 | 2021 年 10 月 | 中国数字出版博览会组委会 |
| 7 | "中国建筑出版在线"入选<br>2020 年度全国新闻出版深度融合<br>发展创新案例 | 2021 年 9 月 | 中国新闻出版传媒集团有限公司 |
| 8 | "知运运营中台"荣获<br>数字创新技术应用优秀案例<br>年度推优 | 2021 年 9 月 | 中国出版协会 |
| 9 | "中国工程建设标准知识服务网"荣获<br>出版融合发展优秀案例<br>年度推优 | 2021 年 9 月 | 中国出版协会 |

## 2020 年度

| 序号 | 奖项名称 | 获奖时间 | 颁发机构 |
|---|---|---|---|
| 1 | 2020 中国图书海外馆藏<br>影响力出版 100 强 | 2020 年 9 月 | 中国出版传媒商报、<br>北京外国语大学国际新闻与传播学院·<br>中国文化走出去效果评估中心、<br>中国图书进出口（集团）总公司 |
| 2 | 建知（北京）数字传媒有限公司<br>——国家高新技术企业认定 | 2020 年 12 月 | 北京市科学技术委员会、<br>北京市财政局、<br>北京市税务局 |
| 3 | 第十届中国数字出版博览会<br>2019-2020 年度"优秀展示单位" | 2020 年 12 月 | 中国数字出版博览会组委会 |
| 4 | "基于 spring cloud 微服务架构的分布式<br>数字资源实时多重加密与在线阅读<br>系统"荣获 2019-2020 年度<br>数字出版"创新技术"荣誉 | 2020 年 12 月 | 中国数字出版博览会组委会 |
| 5 | "中国建筑数字图书馆"入选<br>第十届中国数字出版博览会<br>出版战"疫"数字内容精品展 | 2020 年 12 月 | 中国数字出版博览会组委会 |

## 2019 年度

| 序号 | 奖项名称 | 获奖时间 | 颁发机构 |
|---|---|---|---|
| 1 | 法律事务部<br>——2018 年度查处重大侵权盗版案件<br>有功单位二等奖 | 2019 年 12 月 | 中央宣传部版权管理局 |
| 2 | 2019 中国图书海外馆藏<br>影响力出版 100 强 | 2019 年 8 月 | 中国出版传媒商报、<br>北京外国语大学国际新闻与传播学院·<br>中国文化走出去效果评估中心、<br>中国图书进出口（集团）总公司 |
| 3 | "建工社微课程"荣获<br>"2018-2019 年度数字出版创新项目" | 2019 年 8 月 | 第九届中国数字出版博览会组委会 |
| 4 | "中国建筑出版在线"入围 2019 年度<br>数字出版精品遴选推荐计划 | 2019 年 11 月 | 国家新闻出版署 |
| 5 | 中国建筑工业出版社获批<br>"国家知识服务平台建筑分平台" | 2019 年 8 月 | 中国新闻出版研究院 |

## 2023 年

| 序号 | 出版物 | 奖项名称 | 作者 / 责任编辑 | 颁奖单位 |
|---|---|---|---|---|
| 1 | 《中国科技之路·建筑卷·中国建造》 | 第八届中华优秀出版物奖图书奖 | 肖绪文 /<br>郑淮兵、范业庶、朱晓瑜、陈小娟 | 中国出版协会 |
| 2 | "新型智慧城市研究与实践——BIM/CIM 系列丛书" | 第八届中华优秀出版物奖图书奖提名奖 | 郑明媚、万碧玉、刘伊生、张雷等 /<br>王砾瑶、范业庶 | |
| 3 | 《中国室内设计艺术 千年回眸》 | 第八届中华优秀出版物奖音像出版物奖提名奖 | 张绮曼等 /<br>徐明怡、徐纺、张莉英、王鹏 | |
| 4 | 《数字长城》 | 第八届中华优秀出版物奖电子出版物奖提名奖 | 赵琛 / 张莉英、王鹏、刘燕 | |
| 5 | 《天津历史风貌建筑修缮工艺》 | | 天津市历史风貌建筑保护中心 /<br>齐庆梅、王鹏、柏铭泽、王跃、魏枫、国旭文 | |
| 6 | 《建筑与艺术》 | 2022 年全国优秀科普作品 | 郑时龄 / 陈桦、王惠 | 科技部办公厅 |
| 7 | 《梁思成与林徽因：我的父亲母亲》 | 2023 年住房城乡建设优秀科普作品 | 梁再冰 / 易娜、徐冉、陆新之 | 住房和城乡建设部办公厅 |
| 8 | 《北京冬奥·2022·中国实践：规划与设计》 | | 张利、李兴钢、邵韦平 /<br>咸大庆、易娜、徐冉 | |
| 9 | 《打造美好的家——住宅装饰装修必知》 | | 江苏省装饰装修发展中心 /<br>张磊、曹丹丹 | |
| 10 | 《小水滴奇遇记 初探海绵城市》 | | 李海燕、史冬青 / 李玲洁 | |
| 11 | 《一小时读懂绿色建筑》 | | 中国建筑科学研究院有限公司组织编写<br>王清勤主编 / 周娟华 | |
| 12 | 《儿童友好城市的中国实践》 | | 刘磊等 / 毋婷娴、陆新之 | |
| 13 | 《完整居住社区建设指南与实践》 | | 中国城市规划设计研究院 /<br>费海玲、汪箫仪 | |
| 14 | 《国内外城市社区居家适老化改造典型案例集》 | | 周燕珉等 / 费海玲、焦阳 | |
| 15 | 《城市进化与未来城市：回溯及展望》 | 上海市第十六届哲学社会科学优秀成果奖学科学术优秀成果奖著作类二等奖 | 焦永利 / 焦扬 | 中共上海市委员会 |
| 16 | 《我国农村人居空间变迁探索——精明收缩规划理论与实践》 | | 游猎、赵民 / 吴宇江、陈夕涛 | |

| 序号 | 出版物 | 奖项名称 | 作者 / 责任编辑 | 颁奖单位 |
|---|---|---|---|---|
| 17 | "中国城市近现代工业遗产保护体系研究系列"（共5卷） | 第十八届天津市社会科学优秀成果奖一等奖 | 徐苏斌等 /<br>徐冉、许顺法、何楠、刘静、易娜 | 中共天津市委、天津市人民政府 |
| 18 | 《存量发展期旧城区更新方法》 | | 曾坚、田健、曾穗平等 / 刘静 | |
| 19 | 《设计人类学：基本问题》 | 第十八届天津市社会科学优秀成果奖二等奖 | 耿涵 / 李成成 | |
| 20 | 《广西少数民族传统村落公共空间形态研究》 | 广西第十七次社会科学优秀成果奖三等奖 | 韦浥春 / 唐旭、孙硕 | 广西壮族自治区人民政府 |
| 21 | 《无源光局域网工程技术标准》 | 标准科技创新奖三等奖 | 中国勘察设计协会 / 张磊、王华月 | 中国工程建设标准化协会 |
| 22 | 《模块化微型数据机房建设标准》 | | 中国勘察设计协会 / 张磊、李春敏 | |
| 23 | 《自然中的植物课堂》 | 自然教育优质书籍读本 | 何祖霞、郗旺、王凤英、黎洪桃 /<br>杜洁、孙书妍 | 中国林学会 |
| 24 | 《海岸空间：规划、修复、景观设计》 | 国家级优秀海洋图书 | 杨波 / 刘文昕 | 中国太平洋学会 |
| 25 | 《工程经济与项目管理（第二版）》 | 陕西省2022年职业教育和高等教育优秀教材特等奖 | 蒋红妍、李慧民、吉万旺、王跃 | |
| 26 | 《中国传统民居建筑建造技术窑洞》 | 陕西高等学校科学技术研究优秀成果奖科普奖 | 王军、靳亦冰、师立华 /<br>唐旭、吴绫、张华 | 陕西省教育厅 |
| 27 | 《兰州传统建筑营造》 | 陕西省第七届研究生创新成果展高质量成果B档 | 卞聪、张敬桢 / 李成成 | |
| 28 | 《新疆传统村落景观图说》 | 陕西省第七届研究生创新成果展高质量成果C档 | 王小冬 / 唐旭、吴人杰 | |
| 29 | "书·筑"系列 | "一带一路"出版合作典型案例（国际策划与组稿） | 大舍等 /<br>刘文昕、段宁、张明、张建、李鸽、徐晓飞 | 中国出版协会"一带一路"出版工作委员会 |

| 序号 | 出版物 | 奖项名称 | 作者 / 责任编辑 | 颁奖单位 |
| --- | --- | --- | --- | --- |
| 30 | 《园林树木应用指南（华东华中篇）》 | 上海市风景园林学会科学技术奖科技论文（著作）奖二等奖 | 高翔 / 杜洁 | 上海市风景园林学会 |
| 31 | 《中国港澳地区城市更新中的公共治理机制研究》 | 深圳市第十一届哲学社会科学优秀成果奖学术著作类三等奖 | 郭湘闽、吴奇、王冬雪等 / 焦扬、徐冉 | 深圳市哲学社会科学优秀成果评选委员会 |
| 32 | 《城市交通的启蒙与思索》 | 2023 年度江苏省综合交通运输学会科学技术奖科普类二等奖 | 杨涛 / 焦扬、陆新之 | 江苏省综合交通运输学会 |
| 33 | 《中国传统聚落保护研究丛书黑龙江聚落》 | 2023 年度全省优秀艺术科研成果一等奖 | 周立军、周天夫 / 胡永旭、唐旭、吴绫、张华、孙硕、贺伟、李东禧 | 黑龙江省艺术科学规划领导小组办公室 |
| 34 | 《场地规划与设计》 | 2022 年度引进版科技类优秀图书奖 | 盖里·哈克、梁思思 / 戚琳琳、孙书妍、徐冉 | 中国新闻出版研究院、出版参考杂志社 |
| 35 | 《道教建筑》 | 2022 年度输出版优秀图书奖 | 中国建筑工业出版社 / 段宁、戚琳琳 | |
| 36 | "经典与新锐——建筑大师专著系列"（共 10 卷） | 2021 年度引进版科技类优秀图书奖 | 勒·柯布西耶等 / 姚丹宁、戚琳琳 | |
| 37 | "中国古建筑之美"丛书（哈萨克文版） | 2021 年度输出版优秀图书奖 | 中国建筑工业出版社 / 段宁、戚琳琳 | |
| 38 | 《北京城市规划（1949—1960年）》 | 第十三届钱学森城市学（土地住房）金奖提名奖 | 李浩 / 陈小娟、李鸽 | 钱学森城市学金奖征集评选活动组委会、杭州国际城市学研究中心 |

# 2022 年

| 序号 | 出版物 | 奖项名称 | 作者 /<br>责任编辑（装帧设计） | 颁奖单位 |
|---|---|---|---|---|
| 1 | 《大舍 2001-2020》 | 2022 年度最美的书 | 柳亦春、陈屹峰 /<br>徐明怡<br>装帧设计：瀚清堂 /<br>赵清、朱涛 | 上海市新闻出版局 |
| 2 | 《村镇低碳社区要素解析与营建导控》 | 第十二届钱学森城市学（环境）金奖提名奖 | 朱晓青、范理扬、李爽、裘骏军、邱佳月 /<br>吴宇江、陈夕涛、焦扬 | 钱学森城市学金奖征集评选活动组委会、杭州国际城市学研究中心 |
| 3 | 《海外中国园林发展与建设（1978-2020）》 | 中国风景园林学会科学技术奖（科技进步奖）三等奖 | 赵晶、沈子晗 /<br>杜洁、孙书妍 | 中国风景园林学会 |
| | "基于增彩延绿的北京园林植物物候及景观研究"丛书 | | 董丽等 / 兰丽婷 | |
| 4 | 《中国传统民居建筑建造技术 窑洞》 | 2022 年陕西省优秀科普作品 | 王军、靳亦冰、师立华 /<br>唐旭、吴绫、张华 | 陕西省科学技术厅 |
| 5 | 《建筑施工教学资源包》 | 2021 年山东省土建大类教学成果奖一等奖 | 中国建筑出版传媒有限公司 / 李天虹、王予芊、司汉、刘平平、李阳 | 山东省智能建造职业教育集团 |

## 2021 年

| 序号 | 出版物 | 奖项名称 | 作者 / 责任编辑（装帧设计） | 颁奖单位 |
|---|---|---|---|---|
| 1 | "数字建造"丛书（共 12 册） | 第五届中国出版政府奖图书奖 | 丁烈云、龚剑等 / 赵晓菲、朱晓瑜 | 国家新闻出版署 |
| 2 | 《中国城市群的类型和布局》 | 第五届中国出版政府奖图书奖提名奖 | 王凯、陈明等 / 石枫华、兰丽婷 | 国家新闻出版署 |
| 3 | 《评论与被评论：关于中国当代建筑的讨论》 | 第五届中国出版政府奖装帧设计奖提名奖 | 青锋 / 张悟静（设计） | 国家新闻出版署 |
| 4 | 《中国室内设计艺术 千年回眸》 | 第五届中国出版政府奖音像电子网络出版物奖提名奖 | 上海烨城文化传播有限公司 / 徐纺、魏枫、徐明怡 | 国家新闻出版署 |
| 5 | "老年宜居环境建设系列丛书"（共 2 册） | 2020 年度全国优秀科普作品 | 周燕珉等 / 费海玲、焦阳 | 科技部 |
| 6 | 《中国古代界画研究》 | 2021 年度最美的书 | 王贵祥、李菁 / 孙书妍、董苏华 设计：张悟静、康羽、韩蒙恩、何芳 | 上海市新闻出版局 |
| 7 | "中国建筑的魅力"（共 4 卷，俄文版） | 2020 年度输出版优秀图书奖 | 楼庆西、孙大章、王贵祥、王志芳 / 段宁、戚琳琳、董苏华、张鹏伟、张惠珍 | 中国新闻出版研究院、出版参考杂志社 |
| 8 | 《土地的表达——展示景观的想象》 | 2020 年度引进版优秀图书奖 | [美] 吉尔·德西米妮、查尔斯·瓦尔德海姆，李翅 译 / 戚琳琳、张鹏伟 | 中国新闻出版研究院、出版参考杂志社 |
| 9 | 《文化景观营建与保护》 | 广东省哲学社会科学优秀成果一等奖 | 吴庆洲 / 吴宇江 | 广东省人民政府 |
| 10 | 《宜居家园 桂林乡土建设初探》 | 桂林市第六次社会科学优秀成果奖二等奖 | 王建宁、林兵、许稳刚 / 胡永旭、唐旭、贺伟 | 桂林市社会科学优秀成果奖评选委员会 |

| 序号 | 出版物 | 奖项名称 | 作者 /<br>责任编辑（装帧设计） | 颁奖单位 |
|---|---|---|---|---|
| 11 | 《中国绿道规划设计理论与实践》 | 中国风景园林学会科学技术奖（科技进步奖）二等奖 | 何昉 /<br>杜洁、兰丽婷 | 中国风景园林学会 |
| 12 | 《园林建设工程项目负责人培训教材》 | 中国风景园林学会科学技术奖（科技进步奖）三等奖 | 中国风景园林学会 /<br>李杰、葛又畅、杜川 | 中国风景园林学会 |
| 13 | 《面向智慧化建设的社区生活圈配套设施布局优化》 | 第十七届天津市社会科学优秀成果奖三等奖 | 左进 /<br>张华、唐旭 | 中共天津市委、天津市人民政府 |
| 14 | 《钢结构基本原理（第三版）》<br>《楼宇智能化系统与技能实训（第三版）》 | 首届全国教材建设奖一等奖 | | |
| 15 | 《建筑电气（第二版）》<br>《地基处理（第二版）》<br>《给排水科学与工程概论（第三版）》<br>《城市规划原理（第四版）》<br>《建筑声学设计原理（第二版）》<br>《中国建筑史（第七版）》<br>《房地产开发（第四版）》<br>《工程估价（第三版）》<br>《工程项目管理（第二版）》<br>《建筑类型学（第三版）》<br>《产品的语意（第三版）》<br>《市政工程识图与构造（第三版）》<br>《建筑结构施工图识读》 | 首届全国教材建设奖二等奖 | | 国家教材委员会 |
| 16 | 《建筑防水设计与施工》 | 建筑工程技术类行业新形态教材一等奖 | 程建伟、周园 /<br>刘平平、李阳 | 全国建筑防水职业教育集团 |
| 17 | 《土木工程材料实验（第二版）》 | 河南省首届教材建设奖一等奖 | 白宪臣 /<br>仕帅、吉万旺、王跃 | 河南省教育厅 |
| 18 | 《理论力学》 | 河南省首届教材建设奖二等奖 | 张淑芬、徐红玉、梁斌 /<br>吉万旺、王跃 | 河南省教育厅 |

| 序号 | 出版物 | 奖项名称 | 作者 /<br>责任编辑（装帧设计） | 颁奖单位 |
|---|---|---|---|---|
| 19 | 《工程热力学（第六版）》 | 首届黑龙江省教材建设奖优秀教材高等教育类一等奖 | 谭羽非、吴家正、朱彤等 /<br>齐庆梅 | 黑龙江省教育厅、中共黑龙江省委宣传部 |
| | 《园林花卉学》 | | 车代弟 /<br>陈桦 | |
| 20 | 《城市隧道盾构法施工技术》<br>《钢结构计》<br>《爆破工程》<br>《混凝土结构》 | 江苏省本科优秀培育教材 | | 江苏省教育厅 |
| 21 | 《钢结构基本原理（第三版）》<br>《工程结构荷载与可靠度设计原理（第四版）》<br>《市政工程识图与CAD》<br>《建筑装饰施工图识读》<br>《建筑批评学（第二版）》<br>《建筑装饰施工图识读》 | 首批上海高等教育、职业教育与继续教育精品教材 | | 上海市教育委员会 |
| 22 | 《物理化学（第三版）》<br>《水处理生物学（第六版）》 | 2021年北京高校优质本科教材课件 | | 北京市教育委员会 |
| 23 | 《中国古建筑大系（全10册）》 | 中华印制大奖优秀奖 | | 中华印制大奖组委会 |
| 24 | 《2020清华大学美术学院毕业生作品集》<br>《中国传统民居纲要》 | 北京印刷质量知名品牌产品 | | 北京印刷协会 |

## 2020 年

| 序号 | 出版物 | 奖项名称 | 作者 /<br>责任编辑（装帧设计） | 颁奖单位 |
|---|---|---|---|---|
| 1 | 《现代建筑口述史——20世纪最伟大的建筑师访谈》 | 2019 年度引进版优秀图书奖 | 约翰·彼得 /<br>戚琳琳 | 中国出版协会国际合作出版工作委员会、中国新闻出版研究院、出版参考杂志社 |
| 2 | 《地下结构设计》 | 2019 年度输出版优秀图书奖 | 崔振东、张忠良等 /<br>戚琳琳、仕帅 | 中国出版协会国际合作出版工作委员会、中国新闻出版研究院、出版参考杂志社 |
| 3 | 《建筑装饰装修施工手册》 | 第二届全国新闻出版行业平面设计大赛职工组书籍设计类一等奖 | 倪安葵、蓝建勋、孙友棣、吴颂荣 /<br>徐晓飞、张明 | 国家新闻出版署 |
| 4 | 《生态地区的创造：都江堰灌区的本土人居智慧与当代价值》 | 中国风景园林学会科学技术奖（科技进步奖）二等奖 | 袁琳 /<br>徐晓飞、张明 | |
| 5 | 《京津冀古树寻踪》 | 中国风景园林学会科学技术奖（科技进步奖）三等奖 | 北京市公园管理中心 /<br>杜洁、李玲洁 | 中国风景园林学会 |
| 5 | 《中国无锡当代名花园林》 | 中国风景园林学会科学技术奖（科技进步奖）三等奖 | 朱震峻 /<br>杜洁、兰丽婷 | 中国风景园林学会 |
| 5 | 《中国无锡近代园林》 | 中国风景园林学会科学技术奖（科技进步奖）三等奖 | 朱震峻 /<br>杜洁、兰丽婷、李杰 | 中国风景园林学会 |
| 5 | 《广州市城市道路全要素设计手册》 | 中国风景园林学会科学技术奖（科技进步奖）三等奖 | 广州市住房和城乡建设委员会、广州市城市规划勘测设计研究院 /<br>张文胜、姚荣华 | 中国风景园林学会 |
| 6 | 《结构力学（上、下册）》《结构力学复习纲要及习题集》 | 第三届煤炭行业优秀教材二等奖 | 吕恒林 /<br>聂伟、王跃 | 中国煤炭教育协会 |
| 6 | 《地下结构设计》 | 第三届煤炭行业优秀教材二等奖 | 崔振东 /<br>仕帅、吉万旺、王跃 | 中国煤炭教育协会 |

| 序号 | 出版物 | 奖项名称 | 作者 /<br>责任编辑（装帧设计） | 颁奖单位 |
| --- | --- | --- | --- | --- |
| 7 | 《排水工程（下册）（第五版）》 | 首届黑龙江省教材建设奖优秀教材（高等教育类）特等奖 | 张世杰等 /<br>王美玲、俞辉群 | |
| 8 | 《市政工程识图与构造（第三版）》（市政工程技术专业适用） | 获首届黑龙江省教材建设奖优秀教材（职业教育与继续教育类）一等奖 | 张怡、张力 /<br>聂伟、王美玲、朱首明 | 黑龙江省教育厅、中共黑龙江省委宣传部 |
| | 《水泵与水泵站（第三版）》 | | 于景洋等 /<br>王美玲、吕娜、朱首明、齐庆梅 | |
| 9 | 《给排水科学与工程概论》 | 首届黑龙江省教材建设奖优秀教材（高等教育类）一等奖 | 李圭白等 /<br>王美玲 | |
| 10 | 《土木工程CAD》 | 首届黑龙江省教材建设奖优秀教材（职业教育与继续教育类）二等奖 | 陈龙发等 /<br>王美玲、朱首明 | |
| 11 | 《水文学（第五版）》 | 2018年陕西普通高等学校优秀教材一等奖 | 黄廷林等 /<br>王美玲 | 陕西省教育厅办公室 |
| 12 | 《乡村振兴 富阳实践——打造现代版"富春山居图"》 | 2020年度浙江省规划科学技术进步奖一等奖 | 武前波、王波等 /<br>吴宇江 | 浙江省国土空间规划学会 |
| 13 | 《广州市城市道路全要素设计手册》 | 华夏建设科学技术奖三等奖 | 广州市住房和城乡建设委员会、广州市城市规划勘测设计研究院 /<br>张文胜、姚荣华 | 华夏建设科学技术奖励委员会 |
| 14 | 《广州市城市道路全要素设计手册》 | 2017年度全国优秀城乡规划设计奖（城市规划）一等奖 | 广州市住房和城乡建设委员会、广州市城市规划勘测设计研究院 /<br>张文胜、姚荣华 | 中国城市规划协会 |
| 15 | 《中国古代门窗》《中国古建筑大系（全10册）》 | 2019年度北京印刷质量大奖 | | 北京印刷协会 |

# 2019 年

| 序号 | 出版物 | 奖项名称 | 作者 / 责任编辑（装帧设计） | 颁奖单位 |
|---|---|---|---|---|
| 1 | "世界建筑旅行地图"丛书 | 中国最美旅游图书设计奖银奖 | 程艳春、刘伦、易鑫、张博、曾征等 / 刘丹、张明 书籍设计：贺伟、张悟静 | 中国出版协会书籍装帧艺术工作委员会 |
| 2 | "中国古建筑之美"（西班牙文版）（第一辑，5 卷） | 2018 年度输出版优秀图书奖 | 本社编 / 马彦、李东禧、费海玲、张振光、段宁 | 中国出版协会国际合作出版工作委员会、中国新闻出版研究院、出版参考杂志社 |
| 3 | 《中国城市群的类型和布局》 | 中华人民共和国成立 70 周年 2019 年出版百种科技新书 | 王凯、陈明等 / 石枫华、兰丽婷 | 中国编辑学会科技读物编辑专业委员会、中国出版协会科技出版工作委员会、中国科技馆 |
| 4 | 《景观与区域生态规划方法》 | | 王云才、彭震伟 / 杨虹 | |
| 5 | 《文化景观营建与保护》 | 2019 年度中国风景园林学会科学技术奖 科技进步奖二等奖 | 吴庆洲 / 吴宇江 | 中国风景园林学会 |
| 6 | 《适老家装图集——从 9 个原则到 60 条要点》 | 2019 年向全国老年人推荐的优秀出版物 | 周燕珉、李广龙 / 焦阳、费海玲 | 全国老龄工作委员会办公室、中国老龄协会 |
| 7 | 《胡同蘑菇（中英文版）》 | 2019 年 DAM 建筑图书提名奖 | 李涵、金秋野 / 戚琳琳、李婧 | 德国 DAM（建筑博物馆） |
| 8 | 《燃气冷热电联供工程设计》 | 2019 中国分布式能源优秀图书 | 段洁仪 / 张文胜、姚荣华 | 2019（第十五届）中国分布式能源国际论坛组委会 |
| 9 | 《八大重点城市规划——新中国成立初期的规划史研究（第二版）》 | 在第九届钱学森城市学金奖"城市土地与住房问题"征集评选中获金奖提名奖 | 李浩 / 李鸽、陈小娟、毋婷娴 | 钱学森城市学金奖征集评选活动组委会、杭州国际城市学研究中心 |
| 10 | 《土木工程材料》 | | 余丽武 / 仕帅、吉万旺、王跃 | |
| 11 | 《流体力学》 | | 延克军 / 仕帅、吉万旺、王跃 | |
| 12 | 《结构力学（上册）》 | 2019 年江苏省高等学校重点教材 | 吕恒林、鲁彩凤 / 聂伟、王跃 | |
| 13 | 《结构力学（下册）》 | | 吕恒林、鲁彩凤 / 聂伟、王跃 | 江苏省教育厅 |
| 14 | 《结构力学复习纲要及习题集》 | | 吕恒林、鲁彩凤 / 聂伟、王跃 | |
| 15 | 《钢结构基本原理（第二版）》 | 2017 年江苏省高等学校重点教材 | 何若全 / 吉万旺、王跃 | |
| 16 | 《建筑工程概论》 | 2018 年江苏省高等学校重点教材 | 孙韬、王峰 / 杨虹、尤凯曦 | |

中国建筑出版传媒大厦

The 70th
Anniversary of
China Architecture Publishing &
Media Co., Ltd.

企 业 文 化

公司党委坚持以习近平新时代中国特色社会主义思想为指导，深入学习贯彻党的二十大精神，坚持党管干部原则，完善选人用人机制，注重干部队伍建设，围绕服务部中心工作，选拔培养优秀人才，为公司高质量发展提供坚强组织保障。

扎实做好干部选任工作。认真学习贯彻新时代党的组织路线和干部工作方针政策，按照干部选任工作新要求，结合巡视反馈意见和实际工作中遇到的问题，研究修订印发公司《中层干部选拔任用工作办法》，完善干部选任工作制度程序，始终把政治要求贯穿干部工作全过程，把想干事、能干事、干成事的干部选出来、用起来，激励广大干部担当作为、干事创业、狠抓落实。

认真做好人才引进和培养工作。近五年公司（含子公司）共招聘94人，组织开展了多种形式的学习培训活动，如新员工培训、编辑继续教育、智库大讲堂、青年理论学习、实地调研等，深入学习贯彻习近平新时代中国特色社会主义思想和党的二十大精神，进一步学习领会习近平文化思想，落实落细意识形态工作责任制，提升干部队伍贯彻新发展理念、推动高质量发展的专业能力。

加强人力资源管理制度建设。近五年出台了《工作人员年度考核试行办法（2023年修订）》等十余项人事工作制度，不断提升人力资源管理规范化水平，同时推进档案、招聘、考勤等工作的数字化建设，确保各项业务平稳、有序、高效地运行。

截至2024年9月，公司在职人员420人。按年龄结构划分，30岁以下65人，约占总人数的15%；30岁至39岁159人，约占38%；40岁至49岁134人，约占32%；50岁至59岁62人，约占15%。按学历结构划分，博士研究生学历12人，约占总人数的3%；硕士研究生学历171人，约占41%；大学本科学历189人，约占45%；大学专科及以下学历48人，约占11%。按职称结构划分，420人中专业技术人员共250人，约占总人数的60%，其中高级职称139人（正高45人、副高94人），约占专业技术人员总数的56%；中级职称98人，约占39%；初级职称13人，约占5%。

## 2023 年

| 序号 | 姓名 | 奖项名称 | 颁发机构 |
| --- | --- | --- | --- |
| 1 | 咸大庆 | 第十四届韬奋出版奖 | 中国出版协会 |
| 2 | 黄习习 | 第九届全国科普讲解大赛<br>优秀奖 | 科学技术部办公厅 |
| 3 | 毋婷娴 | 2023 年住房城乡建设科普讲解大赛<br>三等奖 | 住房和城乡建设部办公厅 |
| 4 | 田 郁 | 2023 年住房城乡建设科普讲解大赛<br>优秀奖 | |
| 5 | 董梦歌 | | |
| 6 | 范业庶 | 在"中国科技之路丛书"表彰活动，<br>优秀个人"先进奖" | 中国编辑学会 |
| 7 | 封 毅 | 2023 年全国科技活动周<br>表现突出个人 | 全国科普工作联席会议办公室、<br>科技部科技人才与科学普及司 |
| 8 | 费海玲 | | |
| 9 | 张悟静 | 第十届全国书籍设计艺术展佳作奖：<br>《遇见 600 年天坛》( 佳作 B )<br>《中国古代门窗（第二版 )》( 佳作 C )<br>《兰州传统建筑营造》( 佳作 C )<br>《元代建筑文献考》( 佳作 C ) | 中国出版协会书籍设计艺术工作<br>委员会 |
| 10 | 康 羽 | 第十届全国书籍设计艺术展佳作奖：<br>《行走的笔尖 设计师手绘札记》( 佳作 C ) | |
| 11 | 张悟静 | 第十届全国书籍设计艺术展优秀奖：<br>《自然与空间 阿尔托与勒·柯布西耶》《经典与<br>新锐：建筑大师专著系列——蓝天组建筑事务<br>所》《心象自然》《圆形、方形和流线型的建筑》<br>《咫尺山林——建筑学践行与观察》《环丁漫话：<br>二十四节气七十二物候》 | |

| 序号 | 姓名 | 奖项名称 | 颁发机构 |
|---|---|---|---|
| 12 | 张悟静<br>康 羽<br>韩蒙恩<br>何 芳 | 第十届全国书籍设计艺术展优秀奖：<br>《中国古代界画研究》 | 中国出版协会书籍设计艺术工作委员会 |
| 13 | 韩蒙恩 | 第十届全国书籍设计艺术展优秀奖：<br>《绍兴传统园林艺术》 | |
| 14 | 毋婷娴 | 撰写的论文《编辑人才队伍助力科教兴国战略》在"第十二届韬奋出版人才发展论坛"征文评选活动中，荣获优秀奖 | 韬奋基金会、<br>中国新闻出版研究院、<br>中国新闻出版报社 |
| 15 | 吴宇江 | 撰写的论文《中国式现代化出版人才培养之路》在"第十二届韬奋出版人才发展论坛"征文评选活动中，荣获优秀奖 | 韬奋基金会、<br>中国新闻出版研究院、<br>中国新闻出版报社 |

## 2022 年

| 序号 | 姓名 | 奖项名称 | 颁发机构 |
|---|---|---|---|
| 1 | 汪　智 | 入选国家新闻出版署 2022 年度出版融合发展优秀人才遴选培养计划 | 国家新闻出版署 |
| 2 | 高　悦 | 2021 年全国科普讲解大赛优秀奖 | 科学技术部办公厅 |
| 3 | 毋婷娴 | 撰写的论文《出版单位编辑培养"导师制"的实践探索》，在中国编辑学会第二十三届学术年会论文评选中，荣获二等奖 | 中国编辑学会 |
| 4 | 吴宇江 | 撰写的论文《论新时代出版英才的五大素养》，在 2022 年"第十一届韬奋出版人才发展论坛"征文评选中，荣获三等奖 | 韬奋基金会、中国新闻出版研究院、中国新闻出版报社 |
| 5 | 李　阳<br>李　慧<br>周　觅<br>赵　莉<br>尤凯曦 | 2021 年全国大中专教材新形态教材金牌编辑 | 中国编辑学会、《全国大中专教学用书汇编》编委会 |
| | 柏铭泽 | 2021 年全国大中专教材国家规划教材金牌编辑 | |

七秩芳华 中国建筑出版传媒有限公司 70 周年

## 2021 年

| 序号 | 姓名 | 奖项名称 | 颁发机构 |
|---|---|---|---|
| 1 | 咸大庆 | 第五届中国出版政府奖<br>优秀出版人物奖 | 国家新闻出版署 |
| 2 | 岳建光 | 第十一届中国数字出版博览会<br>评选中获得 2020-2021 年度<br>数字出版"影响力人物"荣誉 | 中国数字出版博览会组委会 |
| 3 | 齐庆梅 | 首届全国教材建设奖<br>全国教材建设先进个人 | 国家教材委员会 |
| 4 | 王延兵<br>周　谊<br>刘　江<br>牛　松<br>陈　艳 | 部直属机关优秀共产党员 | 中共住房和城乡建设部党组 |
| 5 | 管　粟<br>鲁　敬 | 部直属机关优秀党务工作者 | 中共住房和城乡建设部党组 |
| 6 | 张礼庆 | 撰写的论文《打造数字平台形成数字渠道<br>促融合发展》,在科技编辑融合出版研讨会<br>论文评选活动中被评为优秀论文 | 中国编辑学会科技读物编辑专业委员会 |

## 2020 年

| 序号 | 姓名 | 奖项名称 | 颁发机构 |
| --- | --- | --- | --- |
| 1 | 刘文昕 | 第十九届输出版引进版优秀图书推介活动中获评优秀版权经理人 | 中国出版协会国际合作出版工作委员会、中国新闻出版研究院、出版参考杂志社 |
| 2 | 吴宇江 | 撰写的论文《伟大抗疫精神与新时代出版人的公益精神和社会担当》，在"第九届韬奋出版人才高端论坛"征文评选中荣获三等奖 | 韬奋基金会、中国新闻出版研究院、中国新闻出版广电报社 |
| 3 | 张礼庆 | 撰写的论文《出版业的大数据发展趋势》，在中国编辑学会第 21 届年会学术论坛征文评选中荣获三等奖 | 中国编辑学会 |
| 4 | 郭希增 | 撰写的论文《固本培元 厚植主业 多元协同 深耕未来——建工社推进校园实体书店转型升级的探索与实践》，在中国建设教育协会第二届建设行业文化论坛论文征集活动评比中荣获二等奖 | 中国建设教育协会 |
| 5 | 李天虹<br>牟琳琳<br>仕 帅<br>司 汉<br>杨 琪 | 2020 年全国大中专教材新形态教材金牌编辑 | 中国出版协会、中国编辑学会《全国大中专教学用书汇编》编委会 |

七秩芳华 中国建筑出版传媒有限公司 70 周年

## 2019 年

| 序号 | 姓名 | 奖项名称 | 获奖日期 | 颁发机构 |
|---|---|---|---|---|
| 1 | 咸大庆 | 2018-2019 年度数字出版影响力人物 | 2019 年 8 月 | 第九届中国数字出版博览会组委会 |
| 2 | 唐玮 | 2018 年度查处重大侵权盗版案件有功个人三等奖 | 2019 年 12 月 | 中央宣传部版权管理局 |
| 3 | 李睿智 | 2018 年新闻出版统计工作先进个人 | 2019 年 5 月 | 国家新闻出版署 |
| 4 | 吴宇江 | 撰写的论文《新时代出版人才创新培养之路》，在"第八届韬奋出版人才高端论坛"征文评选中荣获优秀奖 | 2019 年 11 月 | 韬奋基金会、中国新闻出版研究院、中国新闻出版广电报社 |
| 5 | 吴宇江 | 撰写的论文《建筑文化的八大理念——读张祖刚〈建筑文化感悟与图说〉（国外卷）一书心得》，在"第三届全国建筑评论研讨会"征文评选中被评为"入选论文" | 2019 年 12 月 | 第三届全国建筑评论研讨会组委会、《建筑评论》编辑部、海南省土木建筑学会 |
| 6 | 吴宇江 | 撰写的论文《一部探究中国历史村镇文化遗产保护理论与实践的精品力作》，在"阅读，我与祖国共成长"书评征集中被评为"优秀奖" | 2019 年 12 月 | 中国新闻出版传媒集团有限公司 |
| 7 | 杜川 | 撰写的论文《专业出版社碎片化知识服务研究》，在新时代科技编辑出版与科技强国战略研讨会论文评选中被评为"优秀论文" | | |
| 8 | 李慧 朱象清 | 合写的论文《新时代科技出版融合升级背景下编辑的角色转型与培养》，在新时代科技编辑出版与科技强国战略研讨会论文评选中被评为"优秀论文" | 2019 年 9 月 | 中国编辑学会科技读物编辑专业委员会 |
| 9 | 王惠 | 撰写的论文《探讨当下原创性科技教材的鼓励机制》，在新时代科技编辑出版与科技强国战略研讨会论文评选中被评为"优秀论文" | | |

2022 年"三八妇女节"组织女职工健康长走

2023 年"建功新时代 拼搏向未来"职工运动会全体合影

2023 年新员工培训

2023 年"建工新时代 拼搏向未来"职工运动会

2023 年"三八妇女节"女职工健康长走

2024 年"三八妇女节"游园活动

2024 年新春团拜会

2024 年联合中规院组织青年同志参观中国考古博物馆

2024 年参观中央和国家机关书画摄影展

2019 年建社 65 周年职工文艺汇演

建工足球队

探望周谊同志

为孙庚岩同志颁发"光荣在党50年"纪念章

探望刘慈慰同志

探望朱象清同志

组织老同志春秋游

探望王连宝同志

探望焦祥国同志

为李金铭同志颁发"光荣在党 50 年"纪念章

探望沈振智同志

探望王少斌同志

探望赵晨同志

调研养老机构，为离退休老同志解决后顾之忧

为张桂娣同志颁发"光荣在党50年"纪念章

为张惠珍同志颁发"光荣在党50年"纪念章

公司一直把坚持服务社会、履行社会责任作为企业文化建设的重要内容，在持续深化改革，保持各项业务稳健发展的同时，积极参与社会公益事业，为社会发展贡献国有文化企业力量，得到了社会各界的广泛认可和赞誉。

### 助力定点帮扶

深入贯彻中央精神，认真落实部党组部署，持续向青海省西宁市湟中区、大通县、玉树藏族自治州玉树市，以及西藏自治区康马县等部定点帮扶县投入帮扶资金。作为部湟中帮扶组成员单位，积极配合部帮扶办和标定司，做好湟中定点帮扶相关工作，大力支持并保障公司帮扶挂职干部工作，与页沟村、葱湾村开展党支部结对帮扶。策划出版讲述湟中非遗文化的《河湟遗韵》一书，促进帮扶地区文化保护传承，推动可持续发展。

### 服务书香社会建设

服务全民阅读、书香社会建设，积极支持西部地区、革命老区教育事业发展。2021 年向延安职业技术学院捐赠图书 2 万余册。2023 年向新疆建设职业技术学院等中西部院校捐赠图书码洋超过 100 万元，向开封复兴坊历史文化风貌区的"一束光"书店赠阅百余种中国优秀传统文化图书，深受周边居民欢迎。2024 年联合韬奋基金会举办"千万图书捐赠"活动，向湖北城市建设职业技术学院捐赠价值 30 万元图书，向青海玉树捐赠价值 20 多万元专业图书。2021 年，参加新闻出版署"读掌上精品 庆百年华诞"活动，在"中国建筑出版在线"开设专栏，遴选建筑图书、标准规范、建筑图库、视频课程等数字资源，向社会公众免费开放。

### 探索参与保障性租赁住房建设

公司下属北京建筑工业印刷有限公司响应国家政策，积极探索利用存量房屋参与保障性租赁住房建设，列入北京市 2023 年保障性住房建设计划。

2024 年 9 月，联合韬奋基金会举办"千万图书捐赠"活动

2024 年 7 月，向青海省玉树市捐赠图书

2023 年 5 月，向四川遂宁捐赠图书

建筑分社

土木分社

教育教材分社

房地产与管理图书中心

社科图书中心

执业考试图书中心

党委办公室

总经理办公室

总编辑办公室

发展研究部

纪委办公室

人力资源部

财务部

离退休干部综合服务办公室

法律事务部

图书出版中心

营销中心

中国建筑书店有限责任公司

建知（北京）数字传媒有限公司

建工社（广州）图书有限公司（华南分社）

建知（上海）文化传媒有限公司（华东分社）

北京建筑工业印刷有限公司

刘世龙

吴瑞莹

孙晨淏

黄辉

高彦

王子晗

徐逸伦

周潮

申瑶（建知）

杨嘉乐

# 2023 年入职新员工

周志扬

赵欧凡

翟鹏

闫怡锦

李鹏达

郑诗茵

陈金

李闻智

丁凤

吴丹

白天宁

七秩芳华 中国建筑出版传媒有限公司 70 周年

张文超

田郁

李宜君

王毅

韩笑

马永伟

王磊

韩紫雯

卜煜

毛云莉

赵赫

袁晨曦

樊亚杰

勾淑婷

高瞻

张建文

董梦歌

贾德钰

焦亚飞

牛君

冯天任

高语晗

王艺彬

云霄

250

# 2022 年入职新员工

谢育珊

贾春霞

孙莹

刘芳

朱笑晨

张辰双

徐海玉

李东祁

李琳琳

董楠

李辰馨

韩丽

# 2021 年入职新员工

文美

吕亚皓

时明远

杨宗昊

边玉武

王子通

王海琦

王聪聪

秦悦

程国飞

魏伟

七秩芳华 中国建筑出版传媒有限公司 70 周年

刘紫微

## 2020 年入职新员工

时淑婷

李彤

甘忠颖

李钰莹

白湉

杨桢

The 70th
Anniversary of
China Architecture Publishing &
Media Co., Ltd.

未 来 展 望

党的二十大擘画了以中国式现代化全面推进中华民族伟大复兴的宏伟蓝图。习近平文化思想为做好新时代出版工作、推动文化建设提供了根本遵循。

文化体制改革进一步深化，信息技术飞速发展，产业结构在不断调整，传统出版已进入成熟稳定期，与现代科学技术的融合加快，电子化、数字化和网络化时代为出版业带来新的发展机遇。立足新发展阶段，我们将以习近平新时代中国特色社会主义思想为指导，完整、准确、全面贯彻新发展理念，积极融入新发展格局，坚持稳中谋进、稳中谋优、稳中谋强，坚持把社会效益放在首位、实现社会效益和经济效益相统一，充分利用好我们的优势，谋发展、防风险，优结构、促升级，努力在经营管理、企业文化、党的建设等方面实现全面发展。

一是坚持党的全面领导，推动党的建设和出版业务有机融合。坚持正确政治方向，坚持以人民为中心，全面加强党的领导，围绕中心，服务大局，把党的领导贯穿到业务工作的各领域和全过程。

二是调整出版结构，服务住房和城乡建设事业高质量发展。围绕国家发展战略，全面、准确把握住房和城乡建设高质量发展的新形势新趋势新任务，以住房和房地产、城市规划建设和管理、建筑业改革和发展、绿色低碳发展等为重点，发挥两社各自品牌优势，强基础、调结构、转服务，助力开创住房和城乡建设事业发展新局面。

三是加快深化"两个转型"。依托深厚的作者资源和内容资源，建设集"汇智、研究、传播、咨询、转化"功能于一体，具有出版社特色的高端理论智库平台。加快数媒融合发展和服务延伸，以用户需求为根本，以内容建设为基石，以数字产品为抓手，以融合发展为动力，以服务延伸为导向，以渠道建设为关键，推进出版管理和图书生产的数字化转型和智能化运营，充分发挥数字经济增长潜力。

四是完善全过程质量保障体系，提升出版物品质和服务质量。秉持"质量第一，读者至上"的经营理念，完善选题策划、作者工作、审稿编校、出版制作、经营服务、市场反馈等全过程质量管理体系，筑牢防线，提升水平，优化周期、成本和质量的关系，不断推出思想精深、艺术精湛、制作精良的产品。

五是健全适应全媒体时代要求的营销体系，为用户提供线上线下、高效便捷服务。根据"互联网＋"的时代特点，营销前置，渠道下沉，不断提升市场营销和渠道运营能力，创新市场服务模式，构建个人用户、机构用户线上线下全媒体营销格局。

六是深化体制机制改革，提升管理效能。通过公司治理结构、组织机构等管理创新，健全适应现代企业制度的企业运行机制，提升运营管理水平。

70 年筚路蓝缕，70 载乘风破浪，一代代建工人接续奋斗、薪火相传，铸就了"建工社"这块金字招牌。我们将继续发扬进取精神，提升品牌影响，争取更大光荣。我们要坚持以习近平新时代中国特色社会主义思想为指导，担负"举旗帜、聚民心、育新人、兴文化、展形象"的使命任务，进一步增强服务住房城乡建设高质量发展的责任感使命感，凝聚建功新时代、奋进新征程的磅礴力量，在以中国式现代化推进强国建设、民族复兴伟业的伟大实践中，续写"建工社"辉煌新篇章！

社史馆

The 70th
Anniversary of
China Architecture Publishing &
Media Co., Ltd.

大 事 记

## 2019 年

**12 月 1 日**

"中华人民共和国成立 70 周年科技出版十件大事暨 2019 年出版百种科技新书发布会"在中国科技馆召开，建工社原社长周谊等相关人员出席会议，公司《景观与区域生态规划方法》《中国城市群的类型和布局》两种图书入选 2019 年出版百种科技新书。

**12 月 1 日～ 4 日**

公司党委书记尚春明、副总经理王延兵带领调研小组前往东北财经大学出版社、东北师范大学出版社开展智能编校排系统应用情况调研。

**12 月 13 日～ 15 日**

"中国传统聚落保护研究丛书"分区编写会议第一次会议在安徽工程大学召开，各分册主编及分册编委会成员，以及公司副总编辑胡永旭等出席会议。

**12 月 20 日**

公司成立 65 周年庆祝大会暨职工文艺汇演活动圆满举办。

**12 月 23 日**

"数字建造"丛书（12 册）结题会在公司顺利召开，丛书专家委员会主任钱七虎院士、专家委员会委员孙永福院士、胡文瑞院士等专家，以及公司党委书记尚春明、总编辑咸大庆、原社长沈元勤等相关人员出席。

**12 月 30 日**

印发施行《重大项目财务管理办法》。

印发施行《数字出版重大项目实施管理办法》。

印发施行《数字出版项目团队管理办法》。

印发施行《数字出版项目效益考核分配办法》。

**12 月 31 日**

印发施行《中国建筑出版传媒有限公司 ERP 业务管理系统运行维护管理办法（试行）》。

印发施行《中国建筑出版传媒有限公司（中国城市出版社有限公司）社会效益评价考核办法（试行）》。

印发施行《中国建筑出版传媒有限公司京外分社（子公司）管理办法实施细则》。

印发施行《中国建筑出版传媒有限公司出版物代理连锁经营管理办法》（2019 年修订版）。

公司党委理论学习中心组举行集中学习会议，专题学习习近平总书记关于脱贫攻坚重要论述，以及习近平总书记在中共中央政治局专题民主生活会上的重要讲话精神，党委书记尚春明主持会议。

## 2020 年

**1 月 3 日**

公司创新发展基金资助项目"新时代中国建筑业企业改革与发展研究"项目组赴武汉召开项目开题会暨湖北省建筑业企业调研会，党委书记尚春明出席会议并讲话。

**1 月 9 日**

经公司团员大会选举，公司党委研究决定，同意增补王旭为公司团委委员并任团委书记。

**1 月 14 日**

印发施行《中国建筑出版传媒有限公司（中国城市出版社有限公司）财务管理办法（2020 年版）》。

**1 月 16 日**

公司召开 2020 年迎新春老干部座谈会，邀请老领导、老干部来社欢聚，党委书记尚春明，副总经理孙立波、欧阳东、王延兵及纪委书记崔振林等出席。

公司召开"青年理论学习小组"成立大会，党委书记尚春明出席会议并讲话，副总经理欧阳东、总编辑咸大庆、副总经理王延兵、纪委书记崔振林出席，公司各部门青年代表 30 多人参加。

**1 月 19 日**

经个人申报，永生编辑奖评选委员会评选，总经理办公会研究决定，李鸽荣获第二届永生编辑奖。

**2 月 11 日**

发布《中国建筑出版传媒有限公司关于抗疫期间免费提供电子教材的公告》，在疫情防控期间向 400 多所相关院校师生免费开放阅读中国建筑数字图书馆线上电子教材，着力为院校开展线上学习提供支援和帮助。

2月18日

由公司紧急出版的中国工程建设标准化协会《新型冠状病毒肺炎传染病应急医疗设施设计标准》、中国建筑学会《办公建筑应对"新型冠状病毒"运行管理应急措施指南》(中文版、英文版、图解版)等4种图书，被紧急寄往各省市住房城乡建设主管部门等抗击疫情第一线，电子书、网络版读物在多个网络平台公益传播，免费向全社会公开，并授权中国图书进出口总公司在海内外免费推广。

2月27日

印发《中国建筑出版传媒有限公司（中国城市出版社有限公司）新冠肺炎疫情防控应急处置工作预案》。

3月2日

公司积极开展"支持新冠肺炎疫情防控工作"捐款活动，全体干部职工包括公司离退休干部、建工印刷厂干部职工共578人捐款42320元。

3月3日

印发施行《编辑部管理办法实施细则（11）关于图书发稿的补充规定》。

3月9日

印发施行《中国建筑出版传媒有限公司（中国城市出版社有限公司）公文处理及印章使用管理办法》。

3月13日

由公司紧急出版的《校园建筑与环境疫情防控手册》重磅首发，3000册图书全部免费赠与教育部及全国各大高校，助力高校做好防疫工作。

4月8日

印发施行《中国建筑出版传媒有限公司（中国城市出版社有限公司）图书"质量管理2020"专项工作自查实施方案（2020年适用）》。

5月12日

印发施行《中国建筑出版传媒有限公司教学服务中心管理办法（试行）》。

5月20日

成立中国建筑出版传媒有限公司（中国城市出版社有限公司）"十四五"发展规划编制领导小组及工作小组。

5月27日

印发施行《中国建筑出版传媒有限公司关于支持相关专业教学指导委员会、专家委员会工作经费管理办法》。

6月5日

《建筑与市政工程施工现场专业人员职业标准》修订组成立暨第一次工作会议在公司召开，会议采取线上、线下相结合的形式，公司党委书记尚春明，住房和城乡建设部标定司副司长王玮、人事司处长路明，公司总经理助理兼教育教材分社社长高延伟等专家、领导出席会议。

6月18日

公司积极开展"幸福工程——救助贫困母亲行动"捐款活动，全体干部职工共399人捐款17390元。

6月23日

印发施行《中国建筑出版传媒有限公司（中国城市出版社有限公司）干部一年试用期满考核办法》《中国建筑出版传媒有限公司（中国城市出版社有限公司）干部轮岗工作实施办法》。

党委书记尚春明主持召开防疫常态化背景下的生产经营策略研讨会，专题研讨疫情防控常态化对公司生产经营工作的影响及下一步的应对思路与策略，公司总经理办公会全体成员及相关部门负责人参加。

7月6日

印发施行《中国建筑出版传媒有限公司（中国城市出版社有限公司）内部审计规定》。

7月8日

党委理论学习中心组举行集中学习研讨，专题学习习近平总书记关于意识形态工作重要讲话，以及近期中央关于意识形态工作文件精神，党委书记尚春明主持会议。

7月21日

印发施行《中国建筑出版传媒有限公司院校教材出版管理办法》。

7月30日

党委理论学习中心组以深入学习习近平新时代中国特色社会主义思想、贯彻落实新时代党的建设总要求和新时代党的组织路线为主题举行集中学习研讨，党委书记尚春明主持会议。

8月28日

副总经理欧阳东以及公司"装配式建筑丛书"编辑策划团队前往冬奥会张家口赛区建设工地实地踏勘，并与清华大学建筑设计院、中铁建工等单位相关人员召开项目座谈会。

9月1日

《中国科技之路·建筑卷·中国建造》第二次编写会议在公司召开，中国工程院院士、中国建筑集团有限公司首席专家肖绪文，中国建筑战略研究院特聘研究员、中建科技集团有限公司原董事长叶浩文等近20位行业专家，以及我公司党委书记尚春明、总编辑咸大庆、原社长沈元勤等出席会议。

9月2日

公司组织开展"中国人民抗日战争暨世界反法西斯战争胜利75周年"走访慰问活动，副总经理欧阳东及党委办公室、离退休干部综合服务办公室相关人员走访慰问了公司抗日战争期间参加革命工作的李金荣、李学义两位老同志。

9月4日

印发施行《中国建筑出版传媒有限公司（中国城市出版社有限公司）关于确保成书信息准确性的有关规定（试行）》。

9月9日

公司党委召开理论学习中心组学习扩大会，专题学习民法典，党委书记尚春明主持会议并讲话，公司党委理论学习中心组成员、各部门主要负责人参加学习。

9月15日

公司召开新媒体社群营销交流会，总编辑咸大庆主持，总经理办公会成员及编辑部、建知公司、营销中心、中国建筑书店等相关部门人员参加。

9月17日

公司召开与京东教材线上营销研讨会，探讨如何通过线上营销促进现代教材营销体系的建设，党委书记尚春明出席会议并讲话，总经理助理兼教育教材分社社

长高延伟主持。

9月25日

公司召开新提任中层干部集体廉政谈话会议，纪委书记崔振林出席会议并讲话，纪委委员、总经理助理高延伟主持。

9月27日

住房和城乡建设部党组成员、副部长倪虹在青海省西宁市湟中区组织召开定点扶贫部县（区）联席会议，青海省住房和城乡建设厅主要负责同志、部扶贫办和定点扶贫帮扶工作组成员单位负责同志参加了会议，公司党委书记尚春明参加。

9月30日

由建知公司牵头，营销中心、中国建筑书店配合共同研究制定的《Q/JZCM 2.1-2020 产品信息库信息采集及加工规范》和《Q/JZCM 2.2-2020 产品信息库应用及维护规范》两项企业标准经专家会议审议通过后正式发布实施。

10月20日

四川大剧院全过程工程咨询成果鉴定会暨《大型剧院类项目全过程工程咨询——四川大剧院实践案例》图书出版工作启动会在公司召开，中国建设监理协会会长王早生，中国建设监理协会副会长、北京市建设监理协会会长李伟等多位专家学者，以及公司总编辑咸大庆等出席。

10月24日

中国建筑出版传媒有限公司教学服务中心成立会暨2020年工作会议在郑州召开，公司总经理助理兼教育教材分社社长高延伟一行及18家教学服务中心负责人参加会议。

"为中国而设计"第九届全国环境艺术设计大展暨学术论坛在平遥古城顺利召开，中国美协环境设计艺委会主任苏丹等众多专家学者、业内人士和师生代表出席会议，公司副总编辑胡永旭等相关人员参加并向中国美术家协会、太原理工大学赠送图书。

10月26日~28日

党委委员、纪委书记崔振林以及纪委委员、总经理助理高延伟等一行三人，对华东分社党风廉政建设情

况及有关工作进行了检查调研，并与分社员工进行座谈。

10 月 30 日

二级建造师继续教育工作研讨会在公司召开，江西省城乡建设培训中心主任达兰、贵州省住房和城乡建设厅建设行业技能中心主任宫毓敏等 7 个省市培训主管部门和 9 家企业的 20 余位领导和专家，以及公司党委书记尚春明、副总编辑刘江、总经理助理兼教育教材分社社长高延伟等出席会议。

11 月 1 日

由建知公司组织并牵头，公司出版融合发展重点实验室、出版业科技与标准重点实验室、北京拓标卓越信息技术研究院共同研究制定的《Q/CABP 5—2020 音视频资源元数据及封装规范》《Q/CABP 6—2020 试题资源元数据及封装规范》《Q/CABP 7—2020 课程资源元数据及封装规范》《Q/CABP 8—2020 知识体系描述与标引规范》《Q/CABP 9—2020 关联关系描述规范》五项企业标准经专家会议审议通过后正式发布实施。

11 月 12 日

公司团委开展"根在基层"调研实践活动，组织部分青年员工代表赴东北财经大学出版社开展智能编校排系统实际应用情况调研。

11 月 16 日、18 日

党委书记尚春明先后两次主持召开公司党委（扩大）会议暨理论学习中心组专题学习（扩大）会议，传达学习习近平总书记在党的十九届五中全会上的重要讲话和全会精神。

11 月 18 日

首届"建安杯"全国工程质量安全短视频大赛评审会在建知公司顺利召开，总编辑咸大庆出席。

11 月 19 日

"新型智慧城市研究与实践——BIM/CIM 系列丛书"审稿会在公司召开，中国城市和小城镇改革发展中心主任郑明媚、中国城市科学研究会智慧城市联合实验室首席科学家万碧玉等领导、专家，以及党委书记尚春明、原社长沈元勤等出席。

11 月 23 日

全国建设类高校图书馆及校园书店建设联盟第三次工作会议在沈阳顺利召开，全国建设类本科、职业院校、出版发行单位的 50 余名代表，以及公司副总经理王延兵、总经理助理兼教育教材分社社长高延伟等出席。

11 月 24 日

《中国科技之路·建筑卷·中国建造》图书审稿会在公司召开，中国工程院院士、中国建筑集团有限公司首席专家肖绪文，中建科技集团有限公司原董事长叶浩文等 20 余位专家，以及公司总编辑咸大庆、原社长沈元勤等相关人员出席。

12 月 1 日

"建筑设计专业知识服务"项目终期验收会在建知公司召开，北京工信出版传媒集团有限责任公司出版科研部主任李弘、中国建筑学会常务副秘书长周文连等验收专家，公司原社长沈元勤等相关人员出席。

12 月 2 日~ 4 日

第九届结构工程新进展论坛在广州召开，总编辑咸大庆出席论坛并代表主办方在开幕式上致辞。

12 月 4 日

公司 2019 年度中国建筑出版传媒有限公司创新发展基金资助项目立项公告正式发布。

12 月 21 日~ 22 日

第十届中国数字出版博览会在北京国际会议中心举办，会议采用线上展览、线下论坛相结合的形式举办，公司 54 平方米 3D 虚拟展位荣获 2019-2020 年度"优秀展示单位"，"基于 spring cloud 微服务架构的分布式数字资源实时多重加密与在线阅读系统"荣获 2019-2020 年度数字出版"创新技术"奖，中国建筑数字图书馆平台入选第十届中国数字出版博览会出版战"疫"数字内容精品展。

## 2021 年

1 月 4 日

公司召开干部大会，姜万荣副部长宣布部党组决定：咸大庆同志任中国建筑出版传媒有限公司（中国城市出版社有限公司）总经理（正司长级）。

**1月21日**

经全国高新技术企业认定管理工作领导小组办公室正式发函（国科火字〔2021〕38号），建知（北京）数字传媒有限公司正式通过国家高新技术企业认定。

**2月3日**

国家新闻出版署正式发布出版业科技与标准重点实验室名单（国新出发函〔2021〕7号），确定42家实验室为出版业科技与标准重点实验室，公司申报的"富媒体出版资源管理与数据应用重点实验室"成功入选。

**3月10日**

"CCTSS中巴翻译工作坊"启动仪式在线上举行，副总经理欧阳东代表公司进行了线上交流和图书签约。中国前驻巴基斯坦参赞安启光、巴基斯坦前驻华参赞Zamir Ahmed Awan等领导参加了本次线上启动仪式。

**3月16日**

公司召开2020年度工作总结暨表彰大会，大会以"会议现场＋线上直播"形式同步进行，总经理咸大庆作工作报告，副总经理欧阳东主持，副总经理王延兵、纪委书记崔振林等领导出席。

**3月17日**

公司召开党史学习教育动员大会，深入学习贯彻习近平总书记在党史学习教育动员大会上的重要讲话精神，落实部党组部署要求，对公司开展党史学习教育作出部署安排。公司党委委员、总经理办公会成员、全体中层干部以及建工印刷厂领导班子成员参加会议。

**3月19日**

《室内空间设计资料集》编前会在线上顺利举行。公司原社长沈元勤、建筑规划图书中心主任陆新之、中国建筑学会室内设计分会和全国各大设计单位、相关设计院校的领导、专家及相关人员共计60人参加会议。

**3月31日～4月2日**

2021北京图书订货会在中国国际展览中心举行，公司在2号馆的科技展厅和5号馆的图书馆现采厅分别设置展台集中展示公司近年优秀图书，并与全国各地经销商开展洽谈和交流。

**4月8日**

纪委书记崔振林等一行四人应邀前往中国关心下一代工作委员会所属《中国火炬》杂志社与该社社长兼总编李小千、副社长许巍等领导座谈交流。

**4月11日**

国家新闻出版署组织的"读掌上精品 庆百年华诞——百佳数字出版精品项目献礼建党百年专栏"上线仪式在北京举行，"中国建筑出版在线"入选本次专栏活动，公司总经理咸大庆出席仪式。

**4月13日**

"城市可阅读"主题读书会在上海四行仓库抗战纪念馆举行，公司副总经理欧阳东出席会议，上海市相关设计院、高校、企事业单位等近百人现场参会。

**4月16日**

公司党委组织党员干部代表赴昌平烈士陵园及南口战役旧址，开展"清明祭英烈"活动，公司副总经理欧阳东、纪委书记崔振林以及各支部代表共30多人参加。

**4月23日**

中国土木工程学会总工程师工作委员会2021年委员大会暨科技论坛在北京召开，《中国建筑业施工技术发展报告（2020）》首发式同时举行。住房和城乡建设部总工程师李如生、中国土木工程学会驻会负责人、公司原党委书记尚春明，中国土木工程学会总工程师工作委员会理事长、中建总公司总工程师毛志兵，公司总经理咸大庆以及全国主要施工企业总工等嘉宾学者共500余人参加会议。

**4月29日**

公司党委会议研究决定，聘任赵晓菲同志为人力资源部主任。

**5月11日**

公司积极开展"幸福工程——救助贫困母亲行动"捐款活动，全体干部职工共407人捐款16890元。

**5月19日**

中央和国家机关团工委印发《关于表彰2019-2020

年度中央和国家机关五四红旗团委（团支部）、优秀共青团员、优秀共青团干部的决定》，公司团委荣获"中央和国家机关五四红旗团委"称号。

第十一届江苏省园艺博览会总结会暨江苏名园传承与发展论坛在南京开幕，会上举行了《江苏古典园林实录》新书首发式，江苏省政府副秘书长吴永宏、省住房和城乡建设厅厅长周岚、我公司副总编辑刘江等出席会议。

## 5月25日

"'一带一路'上的中国建造丛书"编写启动会在公司召开，中国土木工程学会驻会负责人尚春明、中国建筑业协会专家委员会常务副主任毛志兵、公司总经理咸大庆等出席会议并讲话，总经理助理兼教育教材分社社长高延伟主持。

## 6月3日

印发施行《中国建筑出版传媒有限公司（中国城市出版社有限公司）财务管理办法（2021年版）》。

印发施行《中国建筑出版传媒有限公司（中国城市出版社有限公司）固定资产投资管理办法（试行）》。

## 6月16日

中宣部主题出版重点出版物"中国科技之路"丛书在北京中国科学院学术会堂举行新书发布会，公司总经理咸大庆、原社长沈元勤、原社长周谊等出席。丛书是向中国共产党成立100周年献礼的科普巨著，由中国编辑学会组织策划，作为该书15家中央级出版单位之一，公司凭借在建筑领域突出的专业优势，承担了《中国科技之路·建筑卷·中国建造》的出版工作。

## 7月5日

公司举行党委理论学习中心组学习（扩大）会议，深入学习领会习近平总书记在庆祝中国共产党成立100周年大会上的重要讲话精神，公司党委委员、总经理咸大庆主持会议并讲话，公司党委委员、中层干部代表交流学习体会，中层以上干部、各直属党组织书记、委员70余人参加。

## 7月9日

"基于ISLI与CNONIX标准构建建筑业大数据整合分析应用平台"项目验收会在建知公司召开，中国音像与数字出版协会副秘书长李弘、北京拓标卓越信息技术研究院院长安秀敏等行业专家及财务专家组成的验收专家组进行了验收评审，原社长、项目组组长沈元勤出席。

公司团委组织召开"学党史、赞百年、跟党走"座谈会，全体团员和青年理论学习小组成员代表参加专题学习。

## 7月13日

党委委员、总经理咸大庆以"从百年奋斗历程中汲取前进力量"为题，为公司党员干部讲专题党课。公司党委委员、总经理办公会成员、中层干部和全体党员近200人参加会议。

## 7月16日

住房和城乡建设部召开直属机关"两优一先"表彰大会，部党组书记、部长王蒙徽出席会议并讲话。公司副总经理王延兵、副总编辑刘江、原社长周谊、执业资格考试图书中心副主任牛松、人力资源部陈艳5位同志被授予"部直属机关优秀共产党员"称号，党委办公室主任管粟、北京建工印刷厂党委书记鲁敬2位同志被授予"部直属机关优秀党务工作者"称号，公司第一党支部（总经理办公室党支部）被授予"部直属机关先进基层党组织"称号。

公司召开干部大会，宣布部党组决定：张锋同志任中国建筑出版传媒有限公司党委书记、董事长、法定代表人和中国城市出版社有限公司党支部书记、执行董事、经理、法定代表人（正司长级），职务任免时间自2021年5月31日起计算。部党组成员、副部长姜万荣同志出席会议并讲话，部人事司司长江小群参加。

## 7月20日

公司工会、妇工委组织开展学习习近平总书记"七一"重要讲话精神交流研讨会。党委委员、副总经理、工会分管领导欧阳东，党委委员、副总编辑、妇工委主任刘江等参加。

## 8月25日

党委书记、董事长张锋，总经理咸大庆前往建知公司开展调研，看望慰问建知公司各部门员工并参观全媒体演播中心。

9月7日

2021年度住房城乡建设部定点帮扶部区联席会议在青海省西宁市湟中区召开，副部长张小宏主持会议。副总经理王延兵参加会议并前往湟中区建筑产业园和阳坡村手工业基地，实地调研特色产业发展和产业帮扶工作进展情况。

9月15日

根据住房和城乡建设部《关于2020年度专业技术职务任职资格的通知》，秦涛取得高级工程师职务任职资格。任职资格自2021年1月8日起计算。

9月17日

公司党委召开年轻干部座谈会，推进公司党史学习教育取得实效，推动青年理论学习小组学习不断深化。党委书记张锋主持会议并讲话，副总经理王延兵出席。

9月24日

2021智慧城市与智能建造高端论坛暨博览会在武汉举行，中国工程院院士钮新强、中国工程院院士秦顺全等领导与嘉宾，以及公司总经理咸大庆、原社长沈元勤，总经理助理兼教育教材分社社长高延伟等出席会议。会议同时举行了第五届中国出版政府奖图书奖"数字建造"丛书颁奖仪式，总经理咸大庆为丛书著者华中科技大学丁烈云院士、朱宏平教授等代表颁发获奖证书。

9月28日

"政府投资工程管理实务丛书"首发式暨"新形式下政府投资工程管理研讨会"在深圳大鹏新区坝光召开，副总经理欧阳东应邀出席并作主题发言。

10月9日

公司召开学习贯彻习近平总书记"七一"重要讲话精神专题宣讲报告会，特别邀请老领导、部直属机关"优秀共产党员"称号获得者周谊作专题宣讲报告。党委书记张锋主持会议并讲话。

印发施行《中国建筑出版传媒有限公司（中国城市出版社有限公司）各类工作小组规范管理办法（试行）》。

10月12日

公司党委会研究决定，尹珺祥同志交流任发展研究部主任，郭希增同志交流任营销中心主任。

10月17日

经中国出版协会科技出版工作委员会第九届全体会员代表大会选举，我公司副总经理王延兵同志当选为科技出版工作委员会副主任委员。

10月26日

公司党委召开理论学习中心组学习扩大会议，进一步深入学习贯彻习近平总书记"七一"重要讲话精神，学习领会习近平总书记在中央党校中青年干部培训班开班式上的重要讲话精神、关于意识形态工作的重要论述，传达学习《关于加强中央和国家机关部门机关纪委建设的意见》。党委书记张锋主持会议并讲话。党委委员、总经理办公会成员、党支部书记、中层干部参加现场会议。

10月27日～28日

第十一届中国数字出版博览会在京举行。此次博览会以"落实数字化战略，开启十四五新篇"为主题，公司作为特邀协办单位参展。党委书记、董事长张锋，总经理咸大庆，副总经理欧阳东、王延兵，纪委书记崔振林等亲临公司展台现场指导数字出版工作，并调研了本届博览会党史学习主题出版展区及相关参展商的数字出版成果。

10月28日

印发实施《中国建筑出版传媒有限公司（中国城市出版社有限公司）非营销人员推销图书奖励暂行办法》。

11月3日

中关村科技园区管理委员会审核，正式批准建知（北京）数字传媒有限公司通过中关村高新技术企业认定。

11月5日

北京市海淀区第十七届人大代表换届选举举行，公司作为海淀区选举委员会甘家口街道分会第四选区第二十选民小组首次单独设立选举站并进行选举投票。

12月10日

公司职工代表大会召开，审议通过《中国建筑出版传媒有限公司（中国城市出版社有限公司）"十四五"发展规划纲要》。党委书记、董事长张锋出席并讲话。

12 月 23 日

部党组决定：岳建光同志任中国建筑出版传媒有限公司董事、副总经理（副司长级），王凌云同志任中国建筑出版传媒有限公司董事、副总经理（副司长级）。职务职级任免时间自 2021 年 11 月 29 日起计算。

12 月 30 日

中宣部出版局副局长李一昕、出版科技与标准处处长安乐等一行四人到建知公司调研，公司党委书记、董事长张锋，总经理咸大庆，副总经理岳建光，原社长沈元勤，实验室共建单位中国新闻出版研究院、广联达科技股份有限公司、北京工业大学代表以及建知公司实验室相关人员参加调研会。

# 2022 年

1 月 11 日

公司党委召开理论学习中心组扩大会议暨建设智库大讲堂第八讲，学习贯彻党的十九届六中全会精神，统筹谋划 2022 年住房和城乡建设出版工作。部总经济师杨保军以"全面实施城市更新行动 推动城市高质量发展"为题作专题辅导报告。党委书记张锋主持会议。

1 月 19 日

公司召开党史学习教育总结会议，深入学习贯彻习近平总书记关于党史学习教育的重要指示和中央党史学习教育总结会议精神，落实部党史学习教育总结会议要求，总结公司党史学习教育情况，巩固拓展党史学习教育成果。公司党委书记张锋作总结讲话。部党史学习教育指导组副组长兼指导三组组长王国宝到会指导。

1 月 24 日

印发施行《中国建筑出版传媒有限公司（中国城市出版社有限公司）办公室与工位配置调整管理办法（试行）》。

印发施行《中国建筑出版传媒有限公司职工董事、职工监事推荐选举办法》。

1 月 26 日

党委委员、副总经理欧阳东带队前往北京建工印刷厂开展调研交流。

2 月 18 日

公司召开第一次党员代表大会，部党组成员、副部长姜万荣到会讲话，强调要坚持党的领导，加强党的建设，将出版社越办越好。人事司司长江小群、部直属机关党委常务副书记张学勤到会指导。会议选举张锋、咸大庆、欧阳东、王延兵、崔振林、岳建光、王凌云等 7 名同志为中共中国建筑出版传媒有限公司新一届委员会委员，选举崔振林、鲁敬、封毅、杜志远、刘延成等 5 名同志为中共中国建筑出版传媒有限公司新一届纪律检查委员会委员。公司各直属党组织 105 名党员代表出席会议。

3 月 3 日

建筑杂志社社长兼总支书记文林峰一行到建知公司参观交流。公司副总经理兼副总编辑岳建光出席会议。

3 月 9 日

公司召开职工代表大会。45 名职工代表参加会议，审议公司 2021 年度工作报告，增补选举职工董事。副总经理欧阳东主持会议。

3 月 11 日

公司召开 2021 年度工作总结暨表彰大会。党委书记、董事长张锋作工作报告，总经理咸大庆主持，副总经理欧阳东、王延兵、岳建光、王凌云出席。

3 月 16 日

国家新闻出版署印发《关于公布 2021 年度出版业优秀科技与标准重点实验室名单的通知》，公司"富媒体出版资源管理与数据应用重点实验室"获评 2021 年度出版业优秀科技与标准重点实验室。

4 月 1 日

公司召开编辑工作务虚会。党委书记、董事长张锋作总结讲话，党委副书记、总经理咸大庆和党委委员、副总经理欧阳东、王延兵、王凌云出席，党委委员、副总经理兼副总编辑（主持编辑工作）岳建光主持。

4 月 7 日

公司召开教学服务中心 2022 年度工作会议（线上）。副总经理王延兵，总经理助理兼教育教材分社社长高延伟等相关营销人员及 18 家教学服务中心负责人参加。

4 月 15 日

公司召开公众号营销研讨工作会。副总经理王延兵主持，营销中心、中国建筑书店及相关图书中心负责人和公众号运营人员参加。

中国建设教育协会继续教育委员会 2022 年第一次全体会员大会以线上线下相结合的方式召开。中国建设教育协会理事长刘杰、公司副总经理兼副总编辑岳建光、原社长沈元勤、中国建设教育协会继续教育委员会主任高延伟及继续教育委员会会员单位共计 120 余人参加会议。

4 月 27 日

公司党委召开理论学习中心组学习扩大会议，开展学习研讨。党委书记张锋主持会议并讲话。

住房和城乡建设部党组成员、副部长姜万荣莅临建知公司，调研公司融合出版相关工作，与中宣部宣教局局长常勃就部委间多领域合作等问题进行座谈。姜万荣副部长强调，要坚持以习近平新时代中国特色社会主义思想为指导，坚持党对出版工作的全面领导，坚持把社会效益放在首位、实现社会效益和经济效益相统一，确保出版融合发展始终沿着正确方向前进，构建数字时代新型出版传播体系。住房和城乡建设部办公厅一级巡视员孙立波参加调研。公司党委书记、董事长张锋，党委副书记、总经理咸大庆陪同调研。

5 月 17 日

公司召开线上疫情防控工作领导小组扩大会议，确保疫情防控和生产经营工作安全平稳有序进行，以实际行动迎接党的二十大胜利召开。党委书记、董事长张锋讲话，党委副书记、总经理咸大庆通报情况，党委委员、副总经理欧阳东、王延兵、岳建光、王凌云，以及公司疫情防控工作领导小组其他成员出席。

5 月 24 日

公司积极开展"幸福工程——救助困境母亲行动"捐款活动，全体干部职工共 390 人捐款 18173.88 元。

6 月

副总经理岳建光同志经部党组选派挂职四川遂宁，任市委常委、副市长（挂职时间二年）。

6 月 8 日

中国出版协会理事长、原国家新闻出版广电总局副局长邬书林、中宣部全国宣传干部学院副院长季守利一行到建知公司全媒体演播中心录制课程，并调研公司融合出版相关工作。公司副总经理王凌云陪同调研。

6 月 15 日

印发施行《〈建筑师〉杂志新媒体内容审核发布管理制度（暂行）》。

6 月 21 日

公司青年理论学习小组召开学习交流会，围绕学习主题，结合出版社工作实际畅谈学习体会。党委书记、董事长张锋出席会议并讲话，党委委员、副总经理王延兵对青年代表发言进行点评，党委委员、副总经理王凌云向青年同志荐书。

6 月 23 日

党委书记张锋主持召开党委理论学习中心组集体学习会议，深入学习领会习近平经济思想，贯彻落实"学查改"专项工作部署要求，推动习近平总书记重要指示批示精神和党中央重大决策部署落到实处，联系住房和城乡建设出版工作实际，交流学习体会。

6 月 30 日

2022 年度住房和城乡建设部定点帮扶部区联席会议在青海省西宁市湟中区召开，张小宏副部长主持会议，公司党委书记张锋参加会议并随同前往湟中区李家山镇食用菌种植基地、共和镇苏尔吉村、西堡镇生态奶牛养殖基地，实地调研村集体经济发展、美丽乡村建设、乡村旅游和特色产业发展情况。

党委书记张锋带队赴青海省西宁市湟中区共和镇葱湾村开展定点帮扶活动，实地调研了励志爱心超市、"盘道花田"等项目在巩固脱贫攻坚成果、推动乡村振兴发展方面发挥作用的情况，并与当地干部进行座谈。

7 月 6 日

中国工程建设标准化协会副理事长兼秘书长张志新一行到公司访问指导并举行座谈交流。公司党委书记、董事长张锋，党委副书记、总经理咸大庆，原社长沈元勤等出席座谈会。

7月7日

公司召开2022年党风廉政建设工作会议暨直属党组织书记抓党建工作交流会，落实部2022年党风廉政建设工作会议暨警示教育大会要求，对推进全面从严治党，加强党的建设作出部署安排，并观看违纪违法典型案件警示教育专题片。党委书记、董事长张锋出席会议并讲话，党委副书记、总经理咸大庆传达部党风廉政建设工作会议暨警示教育大会精神，党委委员、纪委书记崔振林主持会议。

7月13日

党委书记、董事长张锋以"深入学习贯彻习近平经济思想 高质量做好住房和城乡建设出版工作"为题，作专题党课报告。党委副书记、总经理咸大庆主持会议，公司党委委员、副总编辑、总经理助理和全体中层干部参加党课学习。

7月18日

公司第一党支部、第十九党支部、公司团委组织开展以"学党史、悟思想、干实事、开新局"为主题的党史理论知识竞赛。公司党委委员、副总经理王凌云出席活动。

7月27日

党委书记、董事长张锋带队，党委委员、副总经理王凌云，副总编辑刘江等前往部标准定额研究所调研交流。标定所所长姚天玮，副所长施鹏、李大伟等出席交流会。

公司副总经理王延兵、王凌云带队前往建知公司召开数字产品营销工作调研交流会。

8月4日

公司党委研究决定，聘任封毅、范业庶、陆新之3名同志为副总编辑。

中国房地产估价师与房地产经纪人学会会长柴强、副会长兼秘书长赵鑫明一行到建知公司调研交流。公司党委书记、董事长张锋，党委委员、副总经理王凌云出席交流活动。

8月5日

印发施行《中国建筑出版传媒有限公司董事会议事规则（试行）》。

印发施行《中国建筑出版传媒有限公司（中国城市出版社有限公司）对外投资管理办法（试行）》。

公司党委书记张锋、总经理咸大庆到教育教材分社调研并宣布公司党委决定，胡永旭同志兼任教育教材分社社长。

8月16日

印发施行《中国建筑出版传媒有限公司董事会编辑委员会制度》。

8月24日

部党组书记、部长倪虹到公司调研并强调，要坚持以习近平新时代中国特色社会主义思想为指导，始终坚持正确出版导向，做党的方针政策的传播者、科技发展的助力者、优秀文化的传承者、社会进步的推动者，进一步创新发展理念、工作方法和体制机制，加快从"书库"向"智库"转变，更好地为行业发展服务，为社会公众服务，努力为推动住房和城乡建设事业高质量发展作出新的更大贡献，以实际行动迎接党的二十大胜利召开。部办公厅主任李晓龙、住房保障司司长曹金彪、标准定额司司长田国民、人事司副司长陈中博陪同调研，我公司领导班子成员、副总编辑参加调研座谈会。

8月29日

印发施行《中国建筑出版传媒有限公司（中国城市出版社有限公司）关于达到最高任职年龄不再担任中层干部的人员工资等有关问题暂行规定》。

印发施行《中国建筑出版传媒有限公司（中国城市出版社有限公司）中层干部选拔任用工作试行办法》。

8月30日

中财传媒集团总经理许正明等一行到建知公司调研交流。公司总经理咸大庆出席交流活动。

9月1日

副总编辑兼教育教材分社社长胡永旭、原总经理助理兼教育教材分社社长高延伟（中国建设教育协会继续教育委员会主任委员）等前往中国建设教育协会调研交流。中国建设教育协会秘书长崔征、副秘书长李奇出席。

印发《关于中国建筑出版传媒有限公司董事会编辑委员会组成人员调整的通知》，岳建光任主任委员，胡永旭任副主任委员，沈元勤、封毅、范业庶、陆新之、刘江、高延伟任委员。

**9月6日**

印发施行《中国建筑出版传媒有限公司总经理办公会工作制度（试行）》。

**9月14日**

印发施行《关于员工由约定工资制转为复合工资制初次岗位系数核定的规定》。

**10月13日**

印发施行《中国建筑出版传媒有限公司（中国城市出版社有限公司）京外调干及解决夫妻两地分居审核上报工作细则》。

**10月17日**

公司党委召开理论学习中心组学习会议，深入学习习近平总书记在中国共产党第二十次全国代表大会上的报告，交流学习心得。公司党委委员、副总编辑、董事会编辑委员会委员参加会议。

公司工会组织的"喜迎二十大 赞颂新成就"主题书画、摄影、手工作品展正式开展，公司总经理咸大庆，副总经理欧阳东、王延兵、王凌云参加开展仪式。

**10月19日**

中国城市规划设计研究院院长王凯、副总规划师彭小雷等一行到建知公司调研交流。公司总经理咸大庆、副总经理王凌云、副总编辑陆新之出席交流活动。

**11月2日**

部标定所所长姚天玮一行到公司调研交流并签署合作备忘录。公司总经理咸大庆、副总编辑范业庶等出席签署仪式。

**11月4日**

印发施行《中国建筑出版传媒有限公司（中国城市出版社有限公司）院校教材出版管理办法（试行）》。

印发施行《中国建筑出版传媒有限公司关于支持相关专业教学指导委员会、教材专家委员会工作经费管理办法》。

**11月8日**

2022年度"最美的书"在上海揭晓，公司出版的《大舍2001-2020》荣获本年度"最美的书"称号。

**11月15日**

公司党委会研究决定，聘任：李丹丹同志为华南分社副社长（中层副职），刘延成同志为纪委办公室副主任（中层副职），王磊同志为总经理办公室副主任（中层副职），吉万旺同志为教育教材分社第一编辑室主任（中层副职）。

## 2023年

**1月4日**

公司党委召开理论学习中心组学习扩大会议，党委书记张锋主持会议并讲话，谋划2023年重点工作，推动出版社各项工作高质量发展。

**1月11日**

党委书记、董事长张锋带队，党委委员、副总经理欧阳东、王凌云一行，到北京建工印刷厂调研党建工作以及印刷业务开展情况，听取了相关工作汇报，参观了数码印刷车间，看望慰问印刷厂一线工作人员。

**1月13日**

由中国建筑技术集团有限公司牵头，拟在我公司出版的"建筑和城乡规划优秀案例解析系列丛书"签约仪式在北京召开。公司欧阳东副总经理，中技集团党委书记、董事长冯禄参加签约仪式。

**1月17日**

全国住房和城乡建设工作会议在北京召开。系统干部职工热议会议精神，公司党委书记张锋表示，结合住房和城乡建设出版工作实际，公司要利用好自身优势，为住房和城乡建设事业高质量发展发好声、服好务。

公司召开党委会议学习贯彻全国住房和城乡建设工作会议精神，交流学习体会，研究落实举措。党委书记张锋主持会议。

党委书记、董事长张锋带队，党委委员、副总经理王延兵，党委委员、纪委书记崔振林一行，到营销中心调研党建有关工作，看望慰问部门干部职工。副总编辑范业庶陪同调研。调研组听取了营销中心党支部书记、主任郭希增党建工作情况汇报，与支部党员干部代表进行交流，征求大家关于公司工作的意见建议。

**1月18日**

国家新闻出版署发布《关于公布2022年出版业科技与标准创新示范项目入选名单的通知》（国新出发函〔2023〕1号），公司凭借"基于ISLI与CNONIX标准构建建筑业大数据整合分析应用平台"项目成功入选"科技应用示范单位"。公司曾于2021年成功入选标准应用示范单位，至此，公司已成为目前该领域唯一一家科技应用与标准应用的双示范单位。

**1月29日**

公司召开2022年度党组织书记抓党建工作述职会，23位直属党组织书记现场述职。党委书记张锋主持会议并讲话，党委委员出席会议。副总编辑、各直属党组织书记、各部门主要负责同志参加会议，其他中层干部线上列席。

**2月6日**

中央纪委国家监委驻住房和城乡建设部纪检监察组组长、部党组成员宋寒松到我公司调研党的二十大精神贯彻落实情况，全面宣讲党的二十大精神。宋寒松强调，努力让党的二十大精神学习成果成为做好新时代出版工作的有力武器。公司领导班子成员、中层干部、青年理论学习小组成员代表汇报了党的二十大精神学习贯彻情况、工作开展情况和下一步工作思路，并围绕党的二十大精神就调整选题结构、提高出版质量、改善用户服务等具体工作提出了意见建议。

**2月15日**

党委副书记、总经理咸大庆带队赴中国市政工程协会调研，与协会会长卢英方，副会长兼秘书长刘春生，副秘书长王欢、秦康、李颖等领导深入交流。双方在学术著作出版、团体标准宣贯、年鉴稿件撰写、纸数融合等方面进行了深入探讨，一致表示今后将继续深化合作，发挥在各自专业领域的影响和优势，共同为住房和城乡建设事业的高质量发展贡献力量。

**2月16日－17日**

第十二届中国数字出版博览会在石景山区首钢园举办，公司应邀参展。公司总经理咸大庆，副总经理欧阳东、王延兵，纪委书记崔振林，副总经理王凌云，原社长沈元勤，副总编辑胡永旭、封毅、范业庶、陆新之等莅临参观，对公司数字出版工作进行了现场指导。建知公司承担了本次数博会的参展工作，并自主策划了"云上观数博系列报道"。在此次数博会中，公司荣获"优秀数字内容服务商"荣誉称号。

**2月24日－26日**

第35届北京图书订货会在中国国际展览中心（朝阳馆）举办，公司携1800余种图书参展。总经理咸大庆，副总经理王延兵，纪委书记崔振林，副总编辑封毅、陆新之到现场指导。公司首次在展位设置直播专区，线上线下全面结合的互动营销方式成为此次展会的亮点。

**2月27日**

公司召开2022年工作总结暨2023年工作动员部署大会，传达学习姜万荣副部长批示精神，总结2022年工作，提出2023年发展目标和重点任务。党委书记、董事长张锋作工作报告，党委副书记、总经理咸大庆主持会议。公司领导欧阳东、王延兵、崔振林、王凌云出席会议。副总编辑及各部门、子公司全体干部职工参加了会议。除主会场外，本次会议还在建知公司和京外分社设置了直播分会场。

**3月3日**

公司召开警示教育暨新任职中层干部集体廉政谈话会。党委委员、纪委书记崔振林进行集体廉政谈话。纪委委员，各部门负责人，各直属党组织书记、纪检委员以及近两年提拔和进一步使用的中层干部参加会议。

**3月7日**

由我公司和都市更新（北京）控股集团联合主办的"城市更新行动理论与实践系列丛书"审稿会在景德镇成功举办。住房和城乡建设部总经济师、中国城市规划学会理事长杨保军出席审稿会并发言。公司党委书记张锋在线上介绍了本套丛书的进展情况。公司原总经理助理兼教育教材分社社长高延伟、教育教材分社第三编辑室主任陈桦主持会议。

**3月8日**

党委书记、董事长张锋带队到北京华易智美城镇规划研究院调研。原社长沈元勤、副总编辑范业庶一同调研。

3月9日

全国工程勘察设计大师、建设综合勘察设计研究院顾问总工顾宝和先生新作——《岩土之问》发布会在建设综合勘察设计研究院圆满召开。公司副总经理欧阳东应邀出席并代表公司发言。欧阳东与全国工程勘察设计大师李耀刚、武威、王丹、化建新以及中国勘察设计协会副理事长王子牛等在京专家共同为新书揭幕。

3月23日

副总经理欧阳东赴上海交通大学设计学院参加华东分社与上海市建筑学会共同主办的第五期读书会活动。《城市·生命力：七股力量推动现代城市发展》一书的责编陈夕涛同志作为特邀嘉宾与现场观众分享了图书策划、出版的心路历程。欧阳东作为主办方领导发言。

3月24日

副总经理欧阳东到华东分社调研，与华东分社全体员工进行座谈并对华东分社近期的工作提出要求。

3月27日

印发施行《关于"荣誉性奖励项目"推荐管理办法（2023年修订）》。

3月30日

"建筑工程细部节点做法与施工工艺图解丛书"（第二版）编写启动会在公司召开。会议由中国土木工程学会总工程师工作委员会秘书长李景芳主持，采用线上线下同步进行的模式，来自施工行业的20余位专家代表参加了会议。公司总经理咸大庆、副总编辑范业庶、建筑施工图书中心副主任张磊及相关编辑参会。

内蒙古出版集团党委书记、董事长王亚东一行应邀到访我公司，党委书记、董事长张锋等与客人作了深入交流。公司党委委员、副总经理欧阳东，副总编辑范业庶、总经理办公室主任史现利、图书出版中心主任吕胜、中国建筑书店经理付培鑫、北京建工印刷厂厂长王天祥参加调研。

4月3日

住房和城乡建设部标准定额司司长姚天玮、副司长王玮、标准规范处处长范苏榕，标准定额研究所副所长

施鹏、李大伟一行来建知公司，调研、指导公司数字融合出版工作，听取住房和城乡建设领域法规标准服务平台建设进展情况的汇报。党委书记、董事长张锋，副总经理王凌云、副总编辑范业庶、标准规范中心主任石枫华、总经理办公室副主任王磊，建知公司负责同志李明、张莉英、汪智等参加调研。

4月7日

全国住房和城乡建设职业教育教学指导委员会副主任委员兼秘书长程鸿、副秘书长温欣应邀来公司调研指导。公司党委书记、董事长张锋，总经理咸大庆，副总编辑胡永旭，教育教材分社编辑室主任杨虹、李阳等参加调研座谈。

公司召开"建造师全程知识服务"数字出版重大项目验收会。专家组一致同意"建造师全程知识服务"项目通过验收。公司副总经理王凌云，执业考试中心副主任牛松，建知公司负责同志李明、张莉英、汪智，建知公司项目产品部、技术部、运营部相关人员参加会议。

4月17日

印发施行《固定资产管理办法（试行）》。

印发施行《办公楼消防安全应急预案（试行）》。

印发施行《编辑业务板块工作方案（试行）》。

4月20日

公司党委召开学习贯彻习近平新时代中国特色社会主义思想主题教育动员部署会。部主题教育指导二组成员，公司党委委员、副总编辑、各直属党组织书记、各部门负责同志、全体中层干部参加会议。

住房和城乡建设部市场监管司司长曾宪新、施工监管处处长贾朝杰一行四人到建知公司调研。党委书记、董事长张锋，副总编辑封毅、营销中心主任郭希增、执业考试图书中心副主任牛松，建知公司副经理李明、张莉英等参加了调研。

印发施行《青年理论学习小组学习制度（试行）》。

4月21日

公司和中国建筑学会共同策划的《室内空间设计资料集》总编委会第一次会议举行。原建设部副部长、总编委会主任宋春华出席会议并讲话，指导资料集编纂工作。党委书记、董事长张锋参加会议并发言。

由我公司和广东建设职业技术学院、广州翰诚文化传播有限公司三方合作共建的校园书店"建设书苑"暨"中国建筑工业出版社精品图书展示暨学术交流中心"揭牌仪式在广东建设职业技术院校举行。公司副总经理王延兵出席活动并发言。

由我公司和同济大学《建筑钢结构进展》编辑部、香港理工大学《结构工程进展》编委会、浙江大学《空间结构》编委会共同主办，由浙江大学承办的第十届结构工程新进展论坛，在杭州成功召开。公司总经理咸大庆以视频方式在本届开幕式上发言。

全国地质资料馆联合中国地震局地球物理研究所举办李善邦先生纪念展，公司副总经理欧阳东应邀出席并代表公司发言。

4月22日

中国高等学校建筑教育学术研讨会暨全国高校建筑学院长系主任大会在中国矿业大学明德礼堂隆重开幕。中国工程院院士、教育部高等学校建筑学专业教学指导分委员会主任委员、东南大学王建国院士代表教育部高等学校建筑学专业教学指导分委员会作教指委年度工作报告，介绍我公司教材建设及相关专著图书。公司总经理咸大庆和王建国院士共同向建筑与设计学院赠书并发言。公司捐赠了700多种图书。公司副总编辑、教育教材分社社长胡永旭作了题为"十四五规划教材中期回顾及新兴领域教材建设"的报告。总经理咸大庆、副总编辑胡永旭为公司主办的两项大学生竞赛——"清润奖"大学生论文竞赛和"天作奖"国际大学生建筑设计竞赛获奖学校代表颁奖。

4月23日

党委副书记、总经理咸大庆带队到徐州三味图书有限公司调研交流并对营销和编辑工作等提出要求。三味图书总经理王西安陪同参观并介绍相关业务。营销中心主任郭希增及教育教材分社编辑王惠一同调研。

4月24日

印发施行《关于收入考核办法及岗位工资考核办法的补充规定（修订）（试行）》。

4月25日

公司主题教育读书班开班，举行第一次集体学习暨党的二十大精神集中学习。党委书记张锋主持并讲话。公司党委委员、正司长级干部、副总编辑、各直属党组织书记、各部门负责同志、全体中层干部参加学习。

4月26日

公司党委会议研究决定，聘任：陈桦同志为教育教材分社副社长（中层正职），李明同志为建知公司执行董事兼经理（中层正职），武晓涛同志为总编辑办公室副主任（中层副职）。

4月27日

中国建设教育协会继续教育工作委员会2023年常委会扩大会议在北京顺利召开。公司党委书记、董事长张锋，原社长沈元勤、副总编辑胡永旭、营销中心主任郭希增，中国建设教育协会副理事长兼继续教育工作委员会主任高延伟、继续教育工作委员会秘书长李明、副秘书长白俊锋，以及来自全国24个省（区、市）32家单位的70名代表出席会议。

5月5日

公司与江苏省土木建筑学会在南京共同签订了战略合作协议，公司副总经理欧阳东出席签约仪式。双方就战略合作内容进行了深入的探讨。

5月6日

住房和城乡建设部举办"回顾光辉历程 传承住建精神"座谈会暨《口述住房和城乡建设部发展历程》捐赠仪式，部党组成员、副部长姜万荣出席会议并讲话。公司党委书记、董事长张锋，党委副书记、总经理咸大庆参加。公司为部机关和离退休干部捐赠2000册《口述住房和城乡建设部发展历程》。

5月10日

党委副书记、总经理咸大庆带队到北京建筑大学围绕教材建设、数字资源建设、建设智库合作等进行调研。北京建筑大学副校长李俊奇等相关负责人参加了交流。双方表示今后在教材建设、数字资源建设和智库建设等方面进一步深入合作，实现互利共赢。

5月15日—19日

党委委员、副总经理王延兵和党委委员、纪委书记、监事会主席崔振林带队，于5月15日至19日赴四川遂宁、德阳、成都三地就意识形态工作、内容质量管理、数媒深度融合、振兴乡村经济、代理机构建设等开展调研学习，并看望公司挂职干部。

5月16日

副总经理欧阳东在上海带领华东分社部分同志赴科学出版社上海分社、广西师范大学出版社上海分社、中华书局上海分社，针对出版社京外分社运营模式开展调研。三家出版社驻沪分社的领导及负责人热情地接待了我公司调研人员，详细介绍了各自分社的发展历程、运营模式、发展特色。

5月18日

公司积极开展"幸福工程——救助困境母亲行动"捐款活动，全体干部职工共388人捐款16135元。

党委委员、副总经理欧阳东，工会副主席成雪琦和离退休干部综合服务办公室副主任王磊等先后探望了沈振智、朱象清、李金龙、张梦麟等老同志，代表公司党委、工会感谢他们为公司建设发展所作的杰出贡献，并送上生日祝福和问候。

5月22日

公司召开学习贯彻习近平新时代中国特色社会主义思想主题教育领导小组会议暨读书班第五次集体学习。党委书记张锋主持会议并讲话。公司党委委员、副总编辑、各直属党组织书记、各部门负责同志、全体中层干部参加。

5月23日

住房和城乡建设部直属机关党委向我公司发来感谢信。对公司在中央和国家机关第二届运动会篮球项目比赛取得的成绩表示祝贺，并对我公司部直属机关工会篮球俱乐部成员欧阳东、张智芊作出的贡献，及参赛运动员吴人杰、白天宁、徐仲莉、边琨在赛场上出色的表现给予充分肯定。

5月26日

"中国传统聚落保护研究丛书"发布式暨传统聚落学术论坛在兰州理工大学成功举办。公司总经理咸大庆出席会议并发言，艺术设计图书中心主任唐旭、编审李东禧、编辑张华、孙硕参加会议。咸大庆代表公司向兰州理工大学及各分册作者代表赠书。

2023年第四十届吉隆坡国际书展于2023年5月26日-6月4日在马来西亚首都吉隆坡举办，公司副总经理王延兵与图书出版中心主任吕胜随团参展。公司展出50余种图书。

5月29日

公司举行党委理论学习中心组学习扩大会议暨读书班第六次集体学习，党委书记张锋主持会议并讲话。公司党委委员、副总编辑、各直属党组织书记、各部门负责同志、全体中层干部，以及青年干部代表参加。

中规院举办新时代城镇水务高质量发展论坛暨中规院水务院学术成果发布会。会上发布了《理水营城》等三本专著，均由我公司出版发行。党委书记、董事长张锋出席并作新书推介。

5月31日

中国社会科学出版社总编辑魏长宝、数字出版中心主任于晓伦等一行五人到建知公司调研交流。公司副总经理王凌云，发展研究部吴丹，建知公司经理李明、副经理张莉英等参加交流座谈。

6月2日

公司领导班子成员、全体中层干部及部分业务骨干、青年编辑赴公司房山库房现场开展读书班实地研学。

6月8日-10日

"中国数字建筑峰会2023"在西安召开，公司副总经理欧阳东和副总编辑、教育教材分社社长胡永旭等出席。

6月12日

公司举行党委理论学习中心组学习扩大会议暨主题教育读书班第九次集体学习和建设智库大讲堂2023年第二讲，邀请中宣部质检中心原副主任田森同志作专题辅导，党委书记张锋主持会议并讲话。公司党委委员、副总编辑、各直属党组织书记、各部门负责同志，全体编辑人员，总编辑办公室、图书出版中心、营销中心、发展研究部、建知公司等部门相关人员参加。

6月15日-18日

第二十九届北京国际图书博览会（BIBF）在北京国家会议中心隆重举行。公司携500余种图书参展，充分展示了近年来公司出版高质量发展新成果。党委书记、董事长张锋，总经理咸大庆，副总经理欧阳东、王延兵，纪委书记崔振林，副总经理王凌云，原社长沈元勤，副总编辑胡永旭、范业庶，以及党办主任管粟，总经办主任史现利，总编办主任时咏梅到展位指导工作。本届图博会授予我公司"优秀版权贸易奖"。

6月16日

住房和城乡建设部法规司副司长冉洁、执法监督处处长索欢、法制协调处处长郭楠、法制协调处干部罗雅丹一行到建知公司调研，并就法规标准服务平台建设情况进行了座谈交流。公司副总经理王凌云、副总编辑范业庶，建知公司经理李明等参加。

6月19日

党委书记、董事长张锋带队赴中国地图出版社集团调研，原社长沈元勤、副总编辑范业庶等一同调研。中国地图出版集团党委书记、董事长王宝民介绍了该集团的组成和发展情况。双方进行了深入的交流，希望两家单位加强交流，互相学习借鉴，部门之间深化合作。

6月20日

副总经理欧阳东，图书出版中心吕胜、王旭、杨慧芳等赴人卫印务（北京）有限公司调研。人民卫生出版社有限公司副总经理宋秀全、出版部主任单斯，人卫印务（北京）有限公司党委书记、总经理吴福森等与我公司调研人员深入交流。

6月26日

中宣部出版局研究处处长周巧玲、干部梁振东一行到建知公司调研，公司副总经理王凌云、副总编辑范业庶、总编室副主任武晓涛，建知公司经理李明、副经理张莉英、监事汪智及13名青年编辑代表参加。

7月3日

正司长级副主任付海诚带队，住房和城乡建设部执业资格注册中心全体中层以上干部到建知公司进行调研交流。公司党委书记、董事长张锋，副总经理王凌云，副总编辑封毅、陆新之，党办、总经办、部分图书中心以及建知公司相关同志参加。

7月6日

法规司党支部，住房公积金监管司党支部，我公司党

委组织党员、干部代表，赴建知公司开展主题教育联学联建。法规司党支部书记、司长段广平，住房公积金监管司党支部书记、司长杨佳燕和公司党委书记、董事长张锋出席座谈并发言。

7月7日

印发施行《关于简化并规范部分事项签批要求的通知（试行）》。

7月8日

全国建设类高校图书馆与校园书店建设联盟第四次工作会议在重庆建筑工程职业学院顺利召开，公司副总经理王延兵、原总经理助理兼教育教材分社社长高延伟及来自全国建设类本科、职业院校、出版发行单位的代表出席会议。

7月14日

公司以"人工智能技术对建筑业的影响"为主题，在社史馆举办智库沙龙活动，邀请相关研究机构、院校和企业的专家从理论、应用实践、未来发展等多方面作专题报告，进行深入研讨交流。本次活动住房和城乡建设部改革和发展司、标准定额司、建筑市场监管司给予指导，得到了部科技与产业化发展中心、中国城市规划设计研究院、上海市房地产科学研究院等智库单位大力支持。部机关白正盛副司长、李雪飞处长、杨光副处长，公司社党委书记、董事长张锋，总经理咸大庆，副总经理王凌云，原社长沈元勤，副总编辑和部分编辑共70余人参加。

7月23日

为巩固拓展脱贫攻坚成果，推进乡村振兴工作高质量开展，受玉树市人民政府邀请，副总经理王延兵带队到玉树市调研定点帮扶工作，并代表公司向玉树市住建系统捐赠图书、向新寨寄宿制小学捐赠学习用具等，践行智力帮扶承诺。王延兵一行还看望了公司援青干部单缔龙同志。

7月26日

中国出版协会主办的第八届中华优秀出版物奖颁奖大会在山东济南召开。中国建筑工业出版社等十五家出版社联合出版的"中国科技之路"丛书荣获第八届中华优秀出版物奖图书奖，中国城市出版社"新型智慧

城市研究与实践——BIM/CIM 系列丛书"（共 4 册）获图书提名奖，《中国室内设计艺术 千年回眸》获音像出版物提名奖，《数字长城》《天津历史风貌建筑修缮工艺》获电子出版物提名奖。公司副总经理欧阳东代表公司出席活动并领奖。

**7 月 27 日**

由国家新闻出版署、山东省人民政府和济南市人民政府主办的第三十一届全国图书交易博览会在山东济南开幕。公司受邀参展，并携百余种优秀图书亮相京版展团。副总经理欧阳东、营销中心副主任苏静等参加此次书展。

党委书记、董事长张锋带队赴北京理工大学出版社学习调研，副总编辑兼教育教材分社社长胡永旭、营销中心主任郭希增、教育教材分社陈桦、杨虹、李阳、李杰一同调研。北京理工大学出版社社长丛磊、总编辑樊红亮、副社长徐纯林，以及教育出版中心策划中心总编辑王艳丽、建筑与艺术出版分社总编辑崔岩、运营中心副总监王梦春参加调研座谈。

**8 月 17 日**

党委书记、董事长张锋、原社长沈元勤、副总编辑封毅以及副编审朱晓瑜、编辑张智芊等参加中国共产党历史展览馆建筑设计图书出版启动会。会议在中国共产党历史展览馆召开，党史展览馆党委书记、馆长吴向东，副馆长李宗远，北京市建筑设计研究院党委书记、董事长徐全胜，首席总建筑师邵韦平，副总建筑师刘宇光，《中国建筑文化遗产》《建筑评论》两刊总编辑金磊等近 20 人出席。

**8 月 16 日 -22 日**

第 19 届上海书展在上海展览中心举办。这是公司首次参加上海书展，设计搭建了 60 平方米的图书展示区，共有 334 种图书参加了现场展示和销售。

**8 月 21 日 -25 日**

公司举办 2023 年扬帆班新员工培训，2020 年以来入职的近 50 名新员工参训。党委书记、董事长张锋在培训班结业式暨新员工座谈会上发言并勉励新员工努力成为可堪大用能担重任的栋梁之才。总经理咸大庆讲了开班第一课。结业式上，公司领导、副总编辑及部分部门负责人与新员工座谈交流。

**9 月 7 日**

住房和城乡建设部总工程师李如生到建知公司考察指导。公司党委书记、董事长张锋作汇报。中国风景园林学会副秘书长边东昱陪同调研。公司党委委员、副总经理王凌云，副总编辑范业庶、陆新之，城市建设图书中心主任杜洁、编辑李玲洁，建知公司经理李明、副经理张莉英、监事汪智等参加了座谈。

**9 月 15 日**

公司与深圳市城市规划设计研究院签订了战略合作协议，深规院党委副书记、生态总监俞露，深规院市政规划研究院院长丁年、副院长刘应明等，公司副总编辑封毅参加签约仪式。

**9 月 17 日**

第十四届韬奋出版奖颁奖大会暨学习韬奋精神促进新时代出版业高质量发展交流会在江西省鹰潭市举行，公司总经理咸大庆荣获第十四届韬奋出版奖。

**9 月 18 日**

中国建设教育协会理事长刘杰到建知公司考察调研。公司党委书记、董事长张锋出席座谈会并发言。中国建设教育协会副理事长、秘书长崔征，副理事长李平，助理理事长、副秘书长李奇，副秘书长、信息文化部主任邹耕亭等陪同调研。原社长沈元勤，副总编辑、教育教材分社社长胡永旭，原总经理助理兼教育教材分社社长高延伟，教育教材分社副社长陈桦，营销中心副主任苏静，建知公司经理李明、副经理张莉英、监事汪智等参加。

**9 月 20 日**

"新时代乡村建设工匠培训教材"编制研讨会召开。部村镇建设司副司长陈国义出席。部村镇建设司农房处处长贺旺主持。公司党委书记、董事长张锋，公司副总编辑、教育教材分社社长胡永旭，教育教材分社副社长陈桦等参加会议。

**9 月 20 日 -24 日**

以"数智赋能 联结未来"为主题的第十三届中国数字出版博览会在甘肃敦煌举行。公司应邀参加出版融合发展百人论坛，中宣部出版局局长冯士新向我公司颁发了 2023 年度出版融合发展工程"出版融合发展旗舰示范单位"证书等，副总经理欧阳东代表公司领奖。由我公司牵头，与中国新闻出版研究院、广联达科技股份有限公司及北京工业大学共建的"富媒体出版资源管理与数据应用重点实验室"，在"出版业科技与标准重点实验室"专题展区进行了集中展示。建知公司策划制作了"云上观数博"系列报道。

9 月 22 日

2023 中国建筑出版传媒有限公司（中国城市出版社有限公司）运动会在中国农业大学体育馆隆重举行。本届运动会以"建工新时代，拼搏向未来"为主题，设置了多个团体和个人的比赛项目。党委书记、董事长张锋宣布本次运动会开幕。党委委员、副总经理欧阳东同志代表工会致辞。个人项目共计 36 人次获得冠亚季军，社内比赛项目足球、篮球、乒乓球、羽毛球、跳绳、引体向上共计 50 人次获得优胜奖项。团体项目经过精彩激烈的比拼，最终产生冠军：土木钢铁连队；亚军：服务有我队；季军：教材分社队和出版祝功队。

9 月 23 日 -25 日

2022/2023 中国城市规划年会在武汉召开。副总经理欧阳东代表公司参加，"城市社区更新理论与实践丛书"责任编辑石枫华一同参会。

10 月 3 日 -5 日

第 41 届西班牙国际图书博览会在西班牙首都马德里会展中心举行。总经理咸大庆、国际合作图书中心主任戚琳琳参加。博览会期间，中宣部领导、中国驻西班牙大使馆教育事务参赞莅临公司展位，咸大庆详细介绍了我公司图书及海外合作情况。在中西文明交流互鉴暨文学出版合作论坛上，咸大庆就中西文明互鉴话题作发言。

10 月 12 日

公司党委会议研究决定，张健同志任城市建设图书中心副主任。

10 月 16 日

印发施行《关于公司党委议事内容目录清单的通知》。

10 月 18 日

十家知名建筑设计研究院联合打造的"21 世纪经典工程结构设计解析丛书"在苏州举办的第九届建筑结构技术交流会上隆重发布。总经理咸大庆出席首发式活动并代表公司致辞。

10 月 18 日 -22 日

第 75 届法兰克福书展在德国法兰克福隆重举行。副总经理王凌云、建筑与城乡规划图书中心编辑刘丹和国际合作图书中心编辑孙书妍参展。公司除在中国展区设有展位外，在建筑与艺术馆还设有独立展位，此次展出精品图书 60 余种。

10 月 18 日 -20 日

2023《建筑师》杂志编委会暨当代建筑创作研讨在南昌大学举行，《建筑师》杂志主编李鸽主持，副总编辑陆新之代表公司发言。

10 月 20 日

住房和城乡建设部在北京举办了 2023 年住房城乡建设科普讲解大赛决赛。公司共有 3 名选手入围决赛，毌婷娴获三等奖，田郁、董梦歌获优秀奖。

10 月 25 日

印发施行修订后的《中国建筑出版传媒有限公司（中国城市出版社有限公司）中层干部选拔任用工作办法》。

10 月 26 日

党委书记、董事长张锋带队赴中国人力资源和社会保障出版集团，就实施集团化发展战略和完善效益考核机制开展调研。党委办公室主任管粟、总编辑办公室主任时咏梅、营销中心主任郭希增、总经理办公室副主任王磊、人力资源部赵晓菲主任和陈艳一同调研。

10 月 27 日

在住房和城乡建设部开展的 2023 年科普系列比赛活动中，我公司策划出版的《梁思成与林徽因：我的父亲母亲》《北京冬奥·2022·中国实践：规划与设计》《打造美好的家——住宅装饰装修必知》《儿童友好城市的中国实践》《国内外城市社区居家适老化改造典型案例集》《完整居住社区建设指南与实践》《小水滴奇遇记 初探海绵城市》《一小时读懂绿色建筑》等 8

部作品被评为 2023 年住房城乡建设优秀科普作品。

10 月 27 日

公司首次"编校技能竞赛"圆满举行。本次编校技能竞赛由公司工会、质量管理组、团委及相关部门组织承办，全公司共有 16 个部门（子公司）75 名编校人员报名参赛。最终评出一等奖 5 人、二等奖 8 人、三等奖 11 人，以及优秀组织奖 6 个。公司领导张锋、咸大庆、欧阳东、王凌云为获奖同志和部门颁奖。

10 月 31 日

印发施行《新员工试用期满考核办法》。

11 月 1 日

第四届东京版权大会隆重召开。公司副总经理欧阳东与国际合作中心编辑刘文昕参加。公司精心准备了《沈阳历史建筑印迹》《当代中国建筑实录》等 20 余部专著参会。

11 月 15 日

公司召开党委理论学习中心组学习扩大会议，围绕贯彻落实党的二十大提出的打造宜居、韧性、智慧城市的重大部署，建设社会主义文化强国的重大部署，发挥好出版单位作用，深入交流研讨。党委书记张锋主持会议。会上，咸大庆、王旭、陈夕涛、费海玲、杜洁等公司领导、中层干部代表围绕学习主题，结合住房城乡建设出版工作实际、岗位职责、工作实践等内容，作交流发言。党委委员、副总编辑、各直属党组织书记、各部门负责同志、全体中层干部，以及青年干部代表参加会议。

11 月 16 日

党委书记、董事长张锋带队赴中国贸促会建设行业分会调研，副总编辑范业庶，建筑结构图书中心副主任刘瑞霞、编辑梁瀛元参加。中国贸促会建设行业分会会长李礼平、副秘书长王海燕、专家委员会专家富强、办公室主任常瑜参加了交流。

11 月 18 日

由江苏省住房和城乡建设厅、江苏省文化和旅游厅（江苏省文物局）、江苏省地方志办公室主办，公司协办的"光阴里的建筑——20 世纪建筑遗产保护利用"学术对话暨江苏 20 世纪建筑遗产系列成果发布活动在南京举行，公司副总经理欧阳东，房地产与管理图书中心副主任宋凯、编辑张智芊参加。活动前，在副总经理欧阳东的带领下，公司一行赴江苏省规划设计集团，就合作出版和成果转化等事项开展调研，欧阳东同志代表公司与江苏省规划设计集团签署了战略合作协议，推动双方未来深入合作、互利共赢。

11 月 23 日

在住房和城乡建设部村镇建设司指导下，公司成功主办现代宜居农房建设论坛，近百人参加。总经理咸大庆出席论坛并致辞，原社长沈元勤主持了论坛沙龙。部村镇建设司副司长陈国义讲话，论坛演讲嘉宾发表主旨演讲。部村镇建设司、政策研究中心、科技与产业化发展中心，北京建筑大学、中国农业大学，中国建筑科学研究院有限公司，中国建筑设计研究院，中国城市建设研究院有限公司，中规院（北京）规划设计有限公司，中国建筑节能学会，以及中国建设报、央视网等媒体参加了活动。

11 月 24 日

党委书记、董事长张锋带队赴住房和城乡建设部标准定额研究所调研。标定所所长陈波、副所长施鹏等与公司调研组座谈交流，双方围绕标准出版、纸数融合、智库建设、服务提升等作了深入沟通。公司党委委员、副总经理王凌云，副总编辑范业庶参加。

11 月 27 日

印发施行《工作人员年度考核试行办法（2023 年修订）》。

公司第十八党支部联合人卫社第七党支部、人卫大厦党支部开展"党建引领促发展，四强支部建新功"主题党日活动。公司党委委员、副总经理欧阳东，第十八党支部书记吕胜，人卫社党委常委、副总经理宋秀全，人卫社党办主任孙东屹，人卫社第七党支部书记单斯，人卫大厦党支部书记郭向辉以及 30 余名党员参加。

11 月 28 日 –29 日

中国城市建设数字化转型发展研究 20 人论坛暨《中国城市数字化转型发展研究报告》新书发布会在杭州

隆重召开。本次会议由杭州市人民政府与我公司指导，清华大学互联网产业研究院和杭州市拱墅区人民政府主办。公司总经理咸大庆出席会议并代表我公司致辞，《中国城市数字化转型发展研究报告》责任编辑杨允随同参会。

12月5日

住房和城乡建设部人事司副司长崔振林、人才工作处处长李海莹等到我公司，就施工现场专业人员职业培训工作进行调研。党委书记、董事长张锋，副总编辑、教育教材分社社长胡永旭，教材分社副社长陈桦，建知公司经理李明，教材分社副编审李杰，编辑葛又畅参加。

12月11日

公司党委会议研究决定，聘任：何玮珂同志为建知（北京）数字传媒有限公司副经理（中层副职）；李杰同志为教育教材分社第五编辑室主任（中层副职）；黎有为同志为建知（上海）文化传媒有限公司（华东分社）副社长（中层副职）。

12月27日

公司党委会议研究决定：杜洁同志交流任教育教材分社副社长（中层正职），石枫华同志交流任城市建设图书中心主任，范业庶同志兼任标准规范图书中心主任。

12月28日

印发实施《出版物之间工作办法（试行）》。

印发实施《关于退休编辑继续从事有关工作的若干规定（试行）》。

2003-2023最美的书20年回顾展在上海图书馆开幕。回顾展由上海市新闻出版局、上海图书馆、中国·最美的书评委会、上海出版协会共同主办。我公司在2012-2023年间共计14种图书获奖，获奖总数位列全国出版单位第五位。副总经理欧阳东代表公司出席活动并参加领奖。此次活动还颁发了2021-2023年间获得"中国·最美的书"奖证书，我公司出版的《中国古代界画研究》和《大舍 2001-2020》分别获得2021年和2022年"中国·最美的书"奖，美编张悟静领奖。

12月29日

印发实施《关于离开原工作岗位人员绩效工资有关问题的规定（2023年修订）》。《中国建筑工业出版社关于不再从事编辑工作的人员图书效益工资（报酬）的规定》（建社人〔2018〕08号）同时废止。

## 2024年

1月8日

党委书记、董事长张锋为青年理论学习小组讲授"新年第一课"。公司党委委员、各部门负责同志、40岁以下青年同志参加。

1月12日

公司工会第一次会员代表大会召开，53名工会会员代表出席。部直属机关党委一级巡视员、工会主席郭剑飞到会指导。党委书记、董事长张锋参加会议并讲话。党委副书记、总经理咸大庆主持会议。党委委员、副总经理欧阳东作工作报告。党委委员、副总经理王凌云出席会议。会议选举产生公司新一届工会委员会委员，欧阳东、管粟、王磊、苏静、李杰、陈艳、徐浩、杨秋洋、张文超9名同志当选；选举产生新一届工会经费审查委员会委员，杜志远、刘延成、贾菲3名同志当选。新一届工会女职工委员会委员由管粟、杨秋洋、张丽娜、孙硕、安雨欣5名同志组成。

1月24日

党委书记、董事长张锋带队赴中国工程建设标准化协会调研，在扩大合作范围与创新合作模式等方面达成共识。公司副总编辑兼标准规范图书中心主任范业庶，协会副理事长兼秘书长张志新、副理事长兼常务副秘书长王国华、常务副秘书长张弛等参加交流。

1月26日

"中国建筑教育数字化知识服务"项目验收会在公司顺利召开。验收会邀请中国音像与数字出版协会副秘书长李弘等五位评审专家参加，公司副总经理王凌云、副总编辑兼教育教材分社社长胡永旭等项目组主要成员参加。

1月29日

中国建筑文化中心主任曾少华一行到公司调研，公司党委书记、董事长张锋，副总编辑陆新之等参加座谈交流。

1月30日

经公司党委会议研究并报部领导同意，建筑板块改组为建筑分社，陆新之同志兼任分社社长；土木板块改组为土木分社，范业庶同志兼任分社社长。

1月31日

公司召开2023年工作总结暨2024年工作部署大会，学习贯彻倪虹部长、姜万荣副部长批示精神，总结2023年工作，提出2024年发展目标和重点任务。党委书记、董事长张锋作工作报告，党委副书记、总经理咸大庆主持，党委委员、副总经理欧阳东和王凌云出席会议。公司全体职工参加。

1月31日-2月1日

公司与京东召开座谈交流会，党委书记、董事长张锋，京东图书总经理张炜，京东物流高级总监王磊等参加。

2月2日

公司新春团拜会在工会、团委、女工委联合组织下隆重举行，公司领导与员工及部分家属欢聚一堂，共庆新春佳节的到来。党委书记、董事长张锋发表新春致辞，党委副书记、总经理咸大庆，副总经理欧阳东、王凌云等一起为公司属龙的同事颁发生肖吉祥物。

2月9日

公司领导在龙年春节前夕看望慰问公司老同志，党委书记张锋、总经理咸大庆、副总经理欧阳东和王凌云等公司领导登门看望了周谊、沈振智、刘慈慰、赵晨等老党员、老领导，向他们致以诚挚问候和新春祝福。

2月28日

公司党委召开理论学习中心组扩大会议。驻部纪检监察组副组长林家柏出席会议并讲话，部直属机关党委纪委办副处长马骥到会指导。党委书记、董事长张锋主持会议并作总结，党委副书记、总经理咸大庆领学，党委委员、副总经理欧阳东和王凌云出席会议。全体中层干部，直属党组织书记、纪检委员，青年同志代表参加会议。

2月28日-3月6日

公司出版业科技与标准重点实验室、住房城乡建设智库举办"科技引领 数媒融合"系列专题研讨会（第一期），分别邀请来自职业院校、技术公司、施工企业三个不同领域的专家进行精彩分享和互动交流。会议由副总经理王凌云主持，副总经理欧阳东，副总编辑胡永旭、封毅、范业庶出席。

3月1日

印发施行《编辑部管理办法实施细则（14）版权贸易相关工作细则》。

3月7日

公司召开干部大会，部人事司司长王立秋宣布部党组决定，南昌同志任公司纪委书记。

公司党委会议研究决定，聘任：徐冉同志为建筑与城乡规划图书中心主任；费海玲同志为城市与建筑文化图书中心主任；刘瑞霞同志为建筑结构图书中心主任；张磊同志为建筑施工图书中心主任；牛松同志为执业考试图书中心主任。

3月8日

公司工会、女工委组织女职工参观游赏国家植物园，副总经理、工会主席欧阳东带队，160余名女职工参加。

3月12日

公司领导张锋、咸大庆、欧阳东、南昌和王凌云等带队，组织干部职工赴中国国家版本馆中央总馆参观学习。中国国家版本馆馆长刘成勇、副馆长王志庚等出席活动并做辅导和介绍。副总编辑、中层干部和青年同志代表近百人参加活动。

3月12日-14日

2024伦敦书展在英国伦敦奥林匹亚展览中心举办，公司副总编辑封毅、副编审易娜携多种代表性图书随团参展。

3月19日

公司党委与中国贸促会建设行业分会党支部在建知公司开展《中国共产党纪律处分条例》联学活动。建设贸促会会长李礼平，公司党委书记、董事长张锋，纪委书记南昌，副总编辑范业庶参加活动。

3月23日

副总经理欧阳东递补当选为第九届中国版协科技出版工作委员会副主任，负责科技委调查研究工作部工作。

3月26日

《中国房地产金融》期刊编委会会议在公司召开，住房和城乡建设部党组成员、副部长姜万荣出席会议并讲话。期刊编委会主任冯俊及编委会专家委员，相关学术支持单位代表，公司党委书记张锋、总经理咸大庆、副总经理王凌云、副总编辑封毅等参加会议。会上为期刊编委会专家和学术支持单位颁发了聘书。

4月12日-14日

2024年巴黎图书节在巴黎大皇宫临时展览馆举行，公司副编审李玲洁携多种代表性图书随团参展。

4月15日

印发施行《中国建筑出版传媒有限公司（中国城市出版社有限公司）财务管理办法（2024年版）》。

4月18日

由我公司主办、《建筑师》杂志承办、北京市天坛公园管理处协办，北京市文物局、北京市公园管理中心作为指导单位的记录、研究与保护学术研讨会暨"中国古建筑测绘大系"丛书首发仪式，在北京市天坛公园举办。总经理咸大庆、副总经理王凌云、副总编辑陆新之等出席活动。

4月29日

公司团委以"青年大学习、时代新使命"为主题，开展青年理论学习小组组长培训。

第33届阿布扎比国际书展在阿联酋阿布扎比国家展览中心举行。公司董事会编辑委员会副主任委员胡永旭、执业考试图书中心主任牛松携多种代表性图书随团参展。

5月8日

《中国古代门窗》一书分享暨签售活动在观复博物馆举办。公司总经理咸大庆出席活动并与本书作者马未都先生进行了深入交流。

5月11日

住房和城乡建设部党组成员、副部长、定点帮扶工作领导小组副组长秦海翔在湖北省红安县召开住房和城乡建设部定点帮扶和对口支援部县（市、区）联席会议，公司党委委员、副总经理欧阳东出席会议并参加系列调研活动。

5月14日

北京大学出版社行政党支部与公司第二、三、四党支部的部分党员代表，以"党建引领，共促发展"为主题，在我公司开展联学共建。党委委员、副总经理欧阳东出席活动。

5月15日

公司党委召开理论学习中心组扩大会议，深入开展党纪学习教育。党委书记张锋主持会议并作总结，公司领导咸大庆、欧阳东、南昌等出席。公司全体中层干部，直属党组织书记，纪检委员，青年同志代表，党纪学习教育工作小组成员参加会议。

5月22日

公司党委、纪委与大兴区住建委开展党纪学习教育联学共建，纪委书记南昌带队，组织教育教材分社党员干部、青年代表赴北京市全面从严治党警示教育基地开展警示教育，大兴区住建委党组书记、主任冯秀海及区住建委有关同志一同参加活动。

5月23日

公司积极组织开展"幸福工程——救助困境母亲行动"捐款活动，全体干部职工踊跃参加，共收到404人捐款合计15628元。

公司第十六党支部（执业考试图书中心党支部）与部计划财务与外事司党支部、城市管理监督局党支部开展了"纪律筑基，尚廉笃行"主题联学联建，赴廉政教育基地宋庆龄故居参观学习。纪委书记南昌出席活动。

5月24日-6月2日

第41届吉隆坡国际书展在马来西亚首都吉隆坡举行。公司总经理咸大庆、版权经理人段宁携数十种中、英文版图书随团参展。

5月27日

北京市石景山区区长李新一行赴建知公司调研交流并参观数字出版展厅和融媒体演播室。石景山区委常委、宣传部部长申键，区政府办公室党组书记、主任吴智鹏等陪同调研，公司党委书记、董事长张锋，副总经理王凌云出席活动。

**6月7日**

公司党委和部科技与产业化发展中心党委在建知公司开展"守纪律铸党性，数字住建绘新篇"联学共建。科技中心党委书记、主任刘新锋，党委委员、总工程师张峰，我公司党委书记、董事长张锋，党委委员、副总经理王凌云，副总编辑范业庶出席活动。

**6月8日**

住房和城乡建设部生态与园林工程技术创新中心揭牌暨公园城市系列丛书发布、"数智生态 新质园林"主题论坛举行，住房和城乡建设部原副部长仇保兴作讲座，中国风景园林学会理事长李如生等领导到会讲话，公司副总经理欧阳东代表我司致辞。

**6月19日-23日**

第30届北京国际图书博览会在国家会议中心举行，公司携近400种图书参展，展示了近年来出版发展成果，初步达成输出意向11项，引进意向15项，与德国施普林格出版集团签订了"21世纪经典工程结构设计解析丛书"等3套书英文版合作出版意向书，我公司荣获"BIBF优秀版权贸易奖"。

**6月24日**

党委书记、董事长张锋，副总经理岳建光等赴中国风景园林学会拜会李如生理事长及相关领导、专家，就深化双方合作等议题进行了座谈交流。

**6月27日**

公司与部执业资格注册中心联合开展"学党史悟初心 守纪律铸忠诚"主题党日活动，公司领导张锋等带队，组织部分支部党员、青年同志代表赴中国共产党历史展览馆参观学习。

《好社区：人民城市的微观尺度》新书发布会在第22届中国国际城市建设博览会期间举办，公司副总经理岳建光出席活动，新书发布会由副总编辑封毅主持。

**7月**

经住房和城乡建设部人事司同意、中国建设教育协会批复，副总经理王凌云接任中国建设教育协会继续教育工作委员会主任委员。

**7月1日**

党委委员、副总经理欧阳东、岳建光走访慰问退休老党员张桂娣、张惠珍，并为她们颁发"光荣在党50年"纪念章。

**7月10日**

公司召开青年座谈会，传达部警示教育会精神，落实公司党委部署，纪委书记南昌主持会议并讲话。编辑、出版、营销、职能等部门和子公司10个青年理论学习小组代表发言，交流党纪学习收获和体会。

**7月26日**

推进"两个转型"、助力"数字住建"智库大讲堂暨住建领域法规标准知识服务平台和大模型开通试运行活动在公司举办。住房和城乡建设部总经济师曹金彪出席活动并讲话。中国编辑学会会长郝振省、中国工程院院士徐建等领导、专家出席会议。公司党委书记、董事长张锋致辞，总经理咸大庆、副总经理岳建光、王凌云，副总编辑封毅、范业庶及部分中层干部出席会议。部法规司、改发司等司局，部标定所、科技与产业化发展中心等部直属单位，以及相关兄弟单位、科技企业、新闻媒体等相关同志参加活动。

**7月31日-8月2日**

由我公司和昆明理工大学联合承办的第五届全国土木工程专业青年教师教学研讨会在昆明召开。副总经理岳建光等出席。会议由教育部高等学校土木工程专业教学指导分委员会主办，来自全国100余所高校的近200名专家、教师参加会议交流。

**8月8日-15日**

2024年第三届新西兰中国主题图书展在新西兰举行。副总经理岳建光、总编室副主任武晓涛携近百种图书随团参展。

**8月16日、30日，9月24日**

公司召开党委理论学习中心组学习（扩大）会，深入学习贯彻党的二十届三中全会精神，紧密结合住房城乡建设出版工作实际，围绕总结运用建工社70年来改革发展的实践经验，深化生产经营机制改革，推动由书库向智库、由传统出版向数媒融合"两个转型"，落实编销联动，加强企业文化建设，交流学习体会。

9月3日-10日

2024 南非中国主题图书展举行，副总经理欧阳东、社科图书中心副主任陈夕涛随中国出版界代表团参展，并访问埃及，开展系列业务及文化交流活动。

9月20日

公司在改造升级后的社史馆以"协作奋进开拓进取的70年"为主题举办 2024 年新入职员工第一课。党委书记、董事长张锋授课，总经理咸大庆导览社史，纪委书记南昌出席活动，副总经理王凌云主持。引导干部职工深入学习贯彻党的二十届三中全会精神，从中国建筑工业出版社 70 年发展历程中汲取力量。

9月27日-29日

"书香长江"阅读周·武汉书展暨第 19 届华中图书交易会举行，公司作为主宾出版社参加，举办"城市更新行动理论与实践研讨会"智库活动，中国城市规划学会理事长杨保军出席活动并作主旨报告。公司组织

了丰富多彩的线上线下主题活动，湖北省人大常委会党组成员、副主任刘晓鸣，湖北省委宣传部常务副部长刘海军等领导莅临我公司展台。公司党委书记、董事长张锋，副总经理岳建光，副总编辑、建筑分社社长陆新之及相关人员参加本次书展活动。

9月28日

党委书记、董事长张锋，副总经理岳建光一行赴湖北城市建设职业技术学院就专业建设、课程建设、教材建设问题进行调研。湖北建院党委书记程超胜、副校长易操出席交流活动，校长董文斌主持座谈会。营销中心主任郭希增、教育教材分社副社长杜洁等相关同志一同调研。

9月27日、29日

在中华人民共和国成立 75 周年前夕，按照部直属机关党委统一部署，公司领导张锋、欧阳东、南昌等走访慰问老干部、老党员，送去党的关怀和温暖，向他们致以崇高的敬意和真挚的祝福。

# 人名录

## 现任领导名录

张　锋　党委书记、董事长

咸大庆　党委副书记、董事、总经理

欧阳东　党委委员、董事、副总经理、工会主席

南　昌　纪委书记

岳建光　党委委员、董事、副总经理兼副总编辑（主持编辑工作）

王凌云　党委委员、董事、副总经理

## 现任中层干部名单

封　毅　纪委委员、副总编辑兼房地产与管理图书中心主任

范业庶　副总编辑兼土木分社社长、标准规范图书中心主任

陆新之　副总编辑兼建筑分社社长

胡永旭　董事会编辑委员会副主任委员

管　粟　党委办公室（董事会办公室）主任、工会副主席

史现利　总经理办公室主任

王　磊　总经理办公室副主任兼离退休干部综合服务办公室副主任

时咏梅　总编辑办公室主任

武晓涛　总编辑办公室副主任

刘延成　纪委委员、纪委办公室副主任

尹珺祥　发展研究部主任

杜志远　纪委委员、财务部主任

刘京伟　财务部副主任

唐　玮　法律事务部（打盗维权办公室）主任（中层副职）

徐　冉　建筑分社建筑与城乡规划图书中心主任

唐　旭　建筑分社艺术设计图书中心主任

吴　绫　建筑分社艺术设计图书中心副主任

费海玲　建筑分社城市与建筑文化图书中心主任

刘瑞霞　土木分社建筑结构图书中心主任

张　磊　土木分社建筑施工图书中心主任

石枫华　土木分社城市建设图书中心主任

张　健　土木分社城市建设图书中心副主任

杜　洁　教育教材分社副社长（中层正职）

陈　桦　教育教材分社副社长（中层正职）兼教育教材分社第三编辑室主任

吉万旺　教育教材分社第一编辑室主任（中层副职）

李　阳　教育教材分社第二编辑室主任（中层副职）

杨　虹　教育教材分社第四编辑室主任（中层副职）

李　杰　教育教材分社第五编辑室主任（中层副职）

宋　凯　房地产与管理图书中心副主任

陈夕涛　社科图书中心副主任

牛　松　执业考试图书中心主任

吕　胜　图书出版中心主任

赵　力　图书出版中心副主任

王　旭　团委书记、图书出版中心副主任

郭希增　营销中心主任

苏　静　营销中心副主任

郑　茜　营销中心副主任

付培鑫　中国建筑书店有限责任公司执行董事兼经理

李　伟　中国建筑书店有限责任公司副经理

李　明　建知（北京）数字传媒有限公司执行董事兼经理

张莉英　建知（北京）数字传媒有限公司副经理

汪　智　建知（北京）数字传媒有限公司监事

何玮珂　建知（北京）数字传媒有限公司副经理

李丹丹　华南分社副社长（中层副职）

黎有为　华东分社副社长（中层副职）

## 在职人员名单（按部门排序）

张 锋　咸大庆　欧阳东　南 昌　岳建光　王凌云　封 毅　范业庶　陆新之　胡永旭
管 粟　刘 瑗　田 然　李睿智

史现利　王 磊　闫晓群　张丽娜　贾宝明　李 帆　刘雅君　杭 琳　曾学文　谈 琳
秦 涛　杨 力　陆永亮　刘 梅　冯晓霞

时咏梅　武晓涛　李 颖　袁 琦　杨秋洋　宋古月　么 曦　吴 双　王 旭　李珈莹
陈晶晶　冯 静　刘 钰　段 宁　孙书妍　杨桂龙　赵悦军　马 莉

刘延成　田连梓

管 粟（代管）　谢玉昌　陈 艳　赵 鑫　胡梦雅　徐 睿

尹珺祥　李丹婷　谢育珊　贾春霞　吴 丹　张鹏伟　吴 尘

杜志远　刘京伟　易彦精　张 彤　贾 菲　徐晓明　孙捷音　郝长贺　侣 亦　滕 菲
张 薇　齐韦韦　翟鹏图

王 磊　程 文　董建萍　徐 浩

唐 玮　侯红霞　王 崇　王军钧　张 玥　王翠玲　杨锡慧

徐 冉　张 建　吴宇江　何 楠　刘 静　刘 丹　黄 翊　焦 扬　姚丹宁　黄习习
郑诗茵　赵 赫　孙 博

唐 旭　吴 绫　张 华　李成成　杨 晓　孙 硕　陈 畅　吴人杰　高 瞻

费海玲　张幼平　王晓迪　焦 阳　毋婷娴　刘文昕　兰丽婷　陈小娟　汪箫仪　田 郁
张文超

李 鸽　易 娜　刘 川　陈海娇　柳 冉

刘瑞霞　郭 栋　刘婷婷　杨 允　辛海丽　刘颖超　李静伟　梁瀛元　冯天任　王 磊

张 磊　戚琳琳　杨 杰　张伯熙　曾 威　万 李　王砾瑶　王华月　王 治　曹丹丹
徐仲莉　高 悦　沈文帅　边 琨　张建文

石枫华　张 健　胡明安　于 莉　张文胜　李玲洁　武 洲　赵欧凡　周志扬　李鹏达

范业庶　丁洪良　孙玉珍　王雨滢　张 瑞　卢泓旭　郑 琳　刘诗楠

杜 洁　陈 桦　吉万旺　李 阳　杨 虹　李 杰　王美玲　齐庆梅　仕 帅　赵 莉
胡欣蕊　勾淑婷　卜 煜　周 潮　刘平平　李天虹　吕 娜　司 汉　王予芊　刘世龙
张 晶　杨 琪　王 惠　牟琳琳　柏铭泽　冯之倩　聂 伟　吴越恺　周 觅　尤凯曦
马永伟　袁晨曦　黄 辉　李 慧　赵云波　葛又畅　高 彦　陈冰冰　张 玮　郝灵龙

286

封　毅　宋　凯　毕凤鸣　朱晓瑜　率　琦　张智芊　张礼庆　周娟华　白天宁　李闻智
闫怡锦　王艺彬　孙晨淏

陈夕涛　李　东　徐昌强

牛　松　张国友　蔡文胜　田立平　李笑然　冯江晓　李　璇　余　帆　王　毅　王子晗
吴瑞莹

吕　胜　赵　力　王　旭　康　羽　樊　嵘　丁玉娴　王驷驹　张悟静　左文静　王国羽
杨慧芳　关　健　李美娜　李欣慰　赵　颖　杨　斌　陈　旭　姜小莲　王　烨　王誉欣
党　蕾　刘梦然　张　颖　谷有稷　王宇枢　朱　筠　叶延春　芦欣甜　王雪竹　王　娜
苏　聃　邵丹丹　沈崇熙　张惠雯　赵　菲　赵听雨　李永晶　何　芳　贺　伟　李辰馨
董　楠　孙　莹　张辰双　陈　金　韩紫雯

郭希增　苏　静　郑　茜　夏路东　徐永军　曾　峥　张凤珍　杨　萌　胡宝未　杨　盼
陆飞宇　薛晓丽　柳　涛　李立雅　张霁辰　陈　飞　朱萍丽　丁小翠　关志雯　薛艳军
杨俊龙　王　萍　马玉坤　傅　贵　崔佳柳　牟文静　李翰伦　高　猛　章　祺　侯丽情
薄亚娜　白俊锋　董梦歌　云　霄　丁凤芹　毛云莉　韩　笑

付培鑫　李　伟　周　勇　王澄涛　刘　佳　赵和江　高建国　于　锋　赵淑琴　赵志永
杜二娟　罗应安　张文海　宋建明　李全磊　宋　海　陈东云　郑　鸥　申红叶　任建新
宋　洁　张英杰　路志强　王郝悦　何宪深　臧春明　张梦晗　刘天宇　牛艳虎　李东祁
徐海玉　刘　芳　杨嘉乐　徐逸伦

李　明　张莉英　汪　智　何玮珂　王　辉　王　鹏　甄　毅　李　雪　刘　燕　朱　光
魏　鹏　边锦华　杨泽广　孙文雨　安雨欣　甘忠颖　韩蒙恩　吕洪梅　谢　昳　程国飞
崔振华　杨继全　丰巨虎　刘俊宇　曹　爽　张秀已　杜莹莹　张香朋　曹文妍　吕　娴
陈　硕　朱佳硕　刘师雨　陈九娜　曹艳婷　王星簇　邹艾琪　时淑婷　杨　桢　李　彤
白　浩　刘紫微　李钰莹　魏　伟　王海琦　秦　悦　文　美　边玉武　王聪聪　王子通
吕亚皓　杨宗昊　时明远　李琳琳　朱笑晨　韩　丽　焦亚飞　高语晗　樊亚杰　贾德钰
牛　君　申　瑶

李丹丹　张　明

黎有为　滕云飞　徐明怡　陈　瑶　徐　皞　洪永波

本资料截止时间：2024 年 9 月

**图书在版编目（CIP）数据**

七秩芳华：中国建筑出版传媒有限公司 70 周年 / 中
国建筑出版传媒有限公司编 . -- 北京：中国建筑工业出
版社，2024.12. -- ISBN 978-7-112-30606-0

Ⅰ . G239.271

中国国家版本馆 CIP 数据核字第 20244QA192 号

责任编辑：刘　静
文字编辑：赵　赫
书籍设计：柳　冉　张悟静
责任校对：张惠雯

七秩芳华

中国建筑出版传媒有限公司 70 周年

The 70th Anniversary of China Architecture Publishing & Media Co.，Ltd.

中国建筑出版传媒有限公司　编

\*

中国建筑工业出版社出版、发行（北京海淀三里河路 9 号）

各地新华书店、建筑书店经销

北京雅盈中佳图文设计公司制版

北京富诚彩色印刷有限公司印刷

\*

开本：889 毫米 ×1194 毫米　1/16　印张：18　插页：3　字数：466 千字

2024 年 9 月第一版　2024 年 9 月第一次印刷

定价：198.00 元

ISBN 978-7-112-30606-0

（44036）

**版权所有　翻印必究**

如有内容及印装质量问题，请与本社读者服务中心联系

电话：（010）58337283　QQ：2885381756

（地址：北京海淀三里河路 9 号中国建筑工业出版社 604 室　邮政编码：100037）